新型农民现代农业技术与技能培训丛书

肉牛饲养员培训教材

王　峰　　胡　明　编著

金 盾 出 版 社

内 容 提 要

本书由内蒙古农牧业科学院专家编著。内容包括：肉牛饲养员的岗位职责和素质要求，肉牛饲养员须具备的基础知识，肉牛各阶段饲养管理方法，肥育牛的饲养管理，肉牛饲养管理登记统计制度及报表等。

本教材从强化培养操作技能，掌握一门实用技术的角度出发，较好地体现了本岗位当前最新的实用知识和操作技能，理论深入浅出，语言通俗易懂，适用于县(市)、乡(镇)和农业企业相关工种的岗位培训，并可供广大青年农民自学使用。

图书在版编目(CIP)数据

肉牛饲养员培训教材/王峰，胡明编著．—北京：金盾出版社，2008.3

(新型农民现代农业技术与技能培训丛书)

ISBN 978-7-5082-4971-1

Ⅰ. 肉牛… Ⅱ. ①王…②胡… Ⅲ. 肉牛-饲养管理-技术培训-教材 Ⅳ. S823.9

中国版本图书馆 CIP 数据核字(2008)第 002035 号

金盾出版社出版、总发行

北京太平路 5 号(地铁万寿路站往南)

邮政编码：100036 电话：68214039 83219215

传真：68276683 网址：www.jdcbs.cn

封面印刷：北京 2207 工厂

正文印刷：北京外文印刷厂

装订：东杨庄装订厂

各地新华书店经销

开本：850×1168 1/32 印张：4.25 字数：97 千字

2008 年 12 月第 1 版第 2 次印刷

印数：10001—20000 册 定价：8.00 元

序　言

中共中央国务院[2007]1号文件明确指出，加强“三农”工作，积极发展现代农业，扎实推进社会主义新农村建设，是全面落实科学发展观、构建社会主义和谐社会的必然要求，是加快社会主义现代化建设的重大任务。

我国农业人口众多，发展现代农业、建设社会主义新农村，是一项伟大而艰巨的综合工程，不仅需要深化农村综合改革、加快建立投入保障机制、加强农业基础建设、加大科技支撑力度、健全现代农业产业体系和农村市场体系，而且必须注重培养新型农民，造就建设现代农业的人才队伍。

胡锦涛总书记在党的十七大报告中进一步指出，要培育有文化、懂技术、会经营的新型农民，发挥亿万农民建设新农村的主体作用。

新型农民是一支数以亿计的现代农业劳动大军，这支队伍的建立和壮大，只靠学校培养是远远不够的，主要应通过对广大青壮年农民进行现代农业技术与技能的培训来实现。金盾出版社在对农业岗位培训进行广泛调研的基础上，与中国农业大学老科技工作者协会、华中农业大学老教授协会等单位共同策划，约请数百名农业专家、学者参加，组织编写了“新型农民现代农业技术与技能培训丛书”(以下简称“丛书”)。“丛书”坚持从现阶段我国青壮年农民的文化技术水平出发，突出现代农业技术与技能的传授，注重其先进性和实用性；“丛书”以教材形式编写，共有88个分册，涉及81个农业岗位，除水稻农艺工、蔬菜园艺工、蔬菜植保员、果树植保员分南方本和北方本外，其他均为一个岗位一本培训教材，以方便县(市)、乡(镇)、村组织新型农民培训和农业企业进行岗位培训时选用。“丛书”的组编和出版，还得到了河北农业大学、沈阳农业大学、西北农林科技大学、甘肃农业大学、北京农学院、山东畜牧兽医职业技术学院、大连民族学院、中国农业科学院茶叶研究所、中国农业科学院油料研究所、中国农业科学院郑州果树研究所、中国农业科学院特产研究所、中国农业科学院桑蚕研究所、中国养蜂学会、内蒙古自治区农牧科学院、甘肃省蔬菜研究所、山东省果树研究所、广西壮族自治区柑桔研究所、山西省畜牧兽医研究所等单位部分专家、教授的支持和参与，并列入劳动和社会保障部《全国职业培训与技能鉴定用书目录》，进行推荐，使我们深感欣慰，在此表示衷心感谢。我们希望和相信，通过“丛书”的出版发行，能为新型农民队伍的发展壮大贡献一份力量，也能为现代农业技术与技能培训积累一些可供借鉴的经验。

“丛书”编写时间有限，各分册存在不足或错漏在所难免，恳请同仁和各使用单位批评指正。

编 委 会

2008 年 1 月

前　言

我国肉牛业作为一个产业，它的兴起和发展有20多年了。1980年我国牛肉产量在世界牛肉总产量中所占的份额为0.5%，到了2005年，我国牛肉产量716万吨，在世界牛肉总产量中所占的份额已达到11%，仅次于美国和巴西，位居世界第三位。

随着我国经济的快速发展，人均GDP的进一步增长，肉类的消费将持续增加。未来20年，我国牛肉消费年增长将保持在5%～7%，大中城市居民收入每增长1%，其中肉类消费会增长0.57%。未来10年，已预测我国人均消费年均增长6.7%。随着城乡居民收入水平的提高，牛肉消费量将大幅度增加。为此，在许多传统的养牛区域，地方政府都把肉牛养殖作为经济支柱产业加以发展，肉牛业呈现出空前的发展势头。但我国的肉牛业起步较晚，在发展中还存在较多问题。肉牛品种培育滞后、单产水平低、饲养管理粗放、牛肉质量差，是制约我国肉牛业发展的主要因素。但是我国饲草饲料资源丰富，劳动力资源充足，发展肉牛业的潜力巨大。合理利用资源，普及科学技术，转变养殖模式，提高养殖效益，已成为当务之急。其中首先应该培养适应现代肉牛养殖业发展的新型农民，使他们掌握现代养殖知识和技能，成为现代化肉牛养殖业的主力军。为此，编撰此书，以帮助广大农牧民学习掌握肉牛养殖知识，提高养殖技能，积极从事肉牛养殖业，壮大我国肉牛养殖规模，提升肉牛生产的整体水平。

本书立足生产实践，针对我国肉牛养殖基础条件的不同，从放牧、放牧＋补饲和舍饲三个饲养方式介绍了肉牛不同生理阶段的养殖技术和要求。语言通俗易懂，技术简明实用。

我们在编写过程中力求将理论与生产实践紧密结合，总结了大量肉牛养殖成果和经验，同时广泛参考和引用了国内外众多专家学者的文献和著作，在此衷心致谢。

由于笔者水平有限，书中缺点和不足之处，敬请同行专家和读者批评指正。

编 著 者

2008 年元月

目　录

第一章　肉牛饲养员的岗位职责和素质要求

随着我国农业产业结构的调整，我国肉牛业得到突飞猛进的发展。当前，我国肉牛业已进入了一个新的发展时期，养牛业正在从传统的生产管理方式向现代化的管理方式转变，对牛群的管理也正在逐步由传统的粗放型松散化管理向精养型集约化管理方向发展，在这个过程中需要首先培养一批具有专业技术和素养的饲养员队伍。肉牛养殖不能仅停留在对牛的管理上，而应首先重视饲养员的培训和教育上。饲养员是第一线的工作人员，直接地、长时间地和牛打交道，他们的专业技能和职业素质的好坏直接影响生产的成败和效益。逐渐培养专业化、技术化的肉牛饲养员队伍是当前和今后肉牛养殖业发展的需要，是我国肉牛业走向高效益、安全、绿色、健康养殖的需要，是提升产品档次的需要，是实现资源合理利用、减少浪费的需要。我国有大量的农村劳动力需要转化，成为有一技之长的技术工人。通过对他们进行肉牛养殖知识和专业素养的培训，使之成为专业的肉牛饲养员，一方面使农村劳动力得到充分利用，提高生产力效率，另一面可以极大地提高肉牛养殖业的整体水平和经济效益。

一、岗位职责

科学管理的一个重要方面就是要有健全的岗位责任制。它是落实和完成生产计划的重要条件，也是实现管理现代化、调动广大工作者生产积极性的有力措施，是办好牛场的重要环节。其意义一是有利于加强牛场生产的计划性，改变了那种“责任分不清，用料不分档，饲养不分群，成本无定额、养好养坏一个样”的现象。做到饲养员责任明确，用料有计划，饲料生产有安排，生产指标能及时检查，养牛生产成本可随时核算，分工明确，责任分明，出现亏损可及时纠正；二是有利于发挥牛场职工的生产积极性，可提高工作效率，降低成本，转亏为盈；三是有利于实行科学养牛，提高产犊率、成活率和产肉量。

饲养员作为养殖场的一员，首先应遵纪守法，遵守场内规章制度，爱护牛只和公用财物，不把公共财物占为已有。按操作规程办事，依照场内制订的肉牛养殖技术操作规程饲养。服从场领导工作分配，服从技术员技术指导，忠于职守，不怕脏、不怕累做好本职工作。饲养员在生产中应履行以下岗位职责。

第一，每天认真打扫圈舍，保证牛舍、牛栏、饮水设备、饲槽的清洁卫生。

第二，喂草、喂料时要仔细观察牛只采食行为和粪便，发现病牛及其他异常情况应及时处理并向上级汇报。

第三，做好基础饲养管理工作，发现牛只有混群、顶撞、挤压，及时分开。特别注意防止公牛乱配。

第四，投料标准严格按照技术员制订的计划执行。发现腐败变质饲料及时捡出，不得喂给牛群。

第五，严格遵守养殖场制订的日常作息制度，按工作程序及技术规程进行操作。

第六，协助技术员做好驱虫、防疫、消毒等工作。

第七，圈舍内设施损坏时须及时维修，尤其要保障饮水器、饲槽等的正常使用。

第八，每次喂料结束后应将饲槽内剩余的饲料回收，减少浪费。饲喂前清理饲槽，保证饲料的新鲜。投喂饲草料时少加勤添。

第九，爱护牛群，不得打骂，严禁在牛舍内大声喧哗、嬉闹。

第十，认真填写各类报表，积累各项生产指标、数据，字迹工整、清晰，不得涂改。

二、素质要求

发展肉牛业生产，办好肉牛养殖场，必须抓好养牛队伍的思想建设和组织建设，提高饲养人员的整体素质。牛在人养、养好牛在人的思想。俗话说："同样草，同样料，不同喂法不同膘"，不论是牛场管理人员还是生产人员，都要认真负责，精心喂养，一心扑在牛的饲养管理上，就一定能把牛养好。因此，一定要认真培养一批敬业精神强、干劲大、热爱养牛事业、肯钻研业务的人员充实肉牛场的管理和生产部门，并长期固定。作为一名新时代的饲养员，不但应具备较好的专业技术知识，还应具有良好的思想素质。与人交往应文明礼让，遵纪守法、爱岗敬业、与同事合作互助。"爱岗敬业"即热爱本职工作、热爱自己的工作岗位。这一点无论何时都需要。否则，既不利于集体事业的发展也不利于个人出成绩。"合作互助"是社会化大生产条件下生产程序、生产工艺等生产特点所决定的。它反映在人身上就是通常所说的"团队精神"、"凝聚力"。在大规模集约化生产中这一点极为重要。

对待自己的本职工作要尽职尽责，熟练地掌握所饲养牛只的生理发育特点，饲养管理基本要求。认真执行饲养规程，养成遵守操作规程和安全生产、文明饲养的习惯。工作中应积极主动，善于动脑筋，敢于提出合理化建议，并不断提高技术水平。

严格遵守场内制订的日常作息制度，按工作程序及技术规程进行操作。

爱护公用财产，节约生产物资，增收节支。

第二章 肉牛饲养员须具备的基础知识

作为一名合格的肉牛饲养员，必须对肉牛的生长发育规律、生物学特性和饲草饲料、营养知识有一定的了解和掌握，才能正确地指导生产实践。同时，还必须熟悉一些饲草饲料加工调制技术，才能在饲养过程中得心应手，减轻损失和浪费，提高养殖效率。

一、肉牛的生长发育

肉牛的生长发育规律是制定饲养方案的依据，同时肉牛生长发育状况又是检验饲养管理好坏的重要指标。

(一)体重增长规律

体重是表示肉牛生长发育状态的最常用指标。

1. 出生前体重的增长 胎儿在妊娠的前5个月生长速度缓慢，妊娠的后3个月生长加快，分娩前1个月的速度最快。胎儿阶段头、内脏、四肢骨等发育较快，而肌肉、脂肪增长较慢。

2. 出生后体重的增长 在保证充足营养的条件下，肉牛12月龄时基本达到性成熟，这个阶段体重呈加速增长趋势，生长速度很快；到体重接近成年体重时，发育达到体成熟阶段，这时增重则逐渐变慢。因此，一般肉牛在体成熟，即1.5～2岁时屠宰较为经济。

(二)体重的补偿生长规律

幼龄牛在生长发育的某个阶段，因营养不足而使生长速度下降，但在后期某个阶段恢复高营养水平时，生长速度比正常饲养的牛要快，经过一段时期后，仍能恢复正常体重，肉牛生长中的这种特性叫补偿生长。

在补偿生长阶段，补偿生长牛的生长速度、采食量、饲料利用率均高于正常生长的牛。架子牛肥育常常获得较好的经济效益，就是因为这一原因。补偿生长的牛与正常生长的牛达到相同体重的情况下，因前者饲养周期长，虽在补偿生长阶段的饲料转化率较高，但整个饲养期的饲料转化率仍低于正常生长的牛。此外，虽然补偿生长在饲养期结束时能达到体重要求，但最后体组织受到一定影响，屠宰时补偿生长牛的骨成分较高，脂肪成分较低。

在日常饲养过程中要注意，补偿生长是有条件的，并不是在任何情况下都能获得补偿生长。生命早期生长速度受到严重影响，或出生后(主要是 10 月龄以前)低水平饲养时间过长，往往会形成“小僵牛”。这样的牛即使以后再恢复高营养水平的饲养，也很难得到补偿生长，肥育效果极差，更不能作为后备牛留用。

(三)体重增长的不平衡性

肉牛体重增长的不平衡性表现在 12 月龄以前的生长速度很快。在此期间，从出生至 6 月龄的生长强度要远大于从 6 月龄至 12 月龄。12 月龄之后，牛的生长明显减慢，接近体成熟时的生长速度则更慢。在生产上，应掌握牛的生长发育特点，利用其生长发育快速阶段给予充分的营养，使肉牛能够快速增长，提高饲养效率。肉牛体重增长规律见图 1-1。

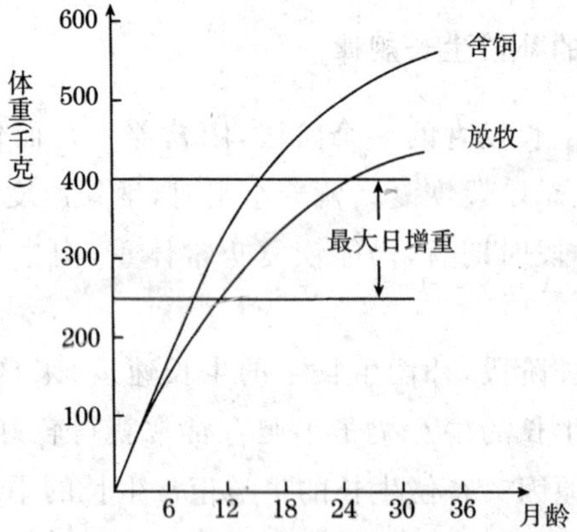

图 1-1 肉牛体重增长曲线

(四)体组织生长规律

1. 骨骼 在胎儿期间骨骼发育较快。初生犊牛的骨骼已能负担整个体重,四肢骨的相对长度比成年牛高,能保证出生后跟随母牛哺乳。出生后骨骼的生长趋势从中轴向外缘,从头到后躯的方向,发育比较稳定。

2. 肌肉 在胎儿期间肌肉的增长速度低于骨骼的增长速度,但出生后肌肉生长加快,生长速度高于骨骼。肌肉生长主要由于肌肉纤维体积的增大,使肌纤维束相应增大。随着年龄增长,肉质的纹理变粗。因此,青年牛的肉质比老年牛嫩。

3. 脂肪 从初生至 1 岁期间脂肪增长速度较慢,仅稍快于骨骼的生长,以后逐渐加快。肥育初期体脂肪增加较快,以后皮下脂肪积蓄加快,最后才加速肌纤维间的脂肪体积,使肉质变嫩。

4. 各种体组织占胴体比例的变化 肌肉占胴体的比重先增加,然后下降;脂肪占胴体的比重持续增加;骨骼占胴体的比重持续下降。各种体组织的比重因品种和饲养水平不同而有所不同。饲养水平高,牛的生产性能好,肌肉和脂肪占的比重大。体组织生长发育规律见图 1-2。

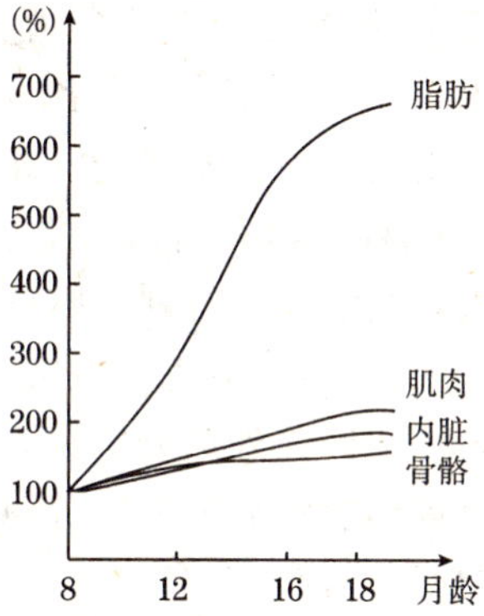

图 1-2　体组织生长发育曲线

5. 体组织生长与屠宰率的关系　肌肉和脂肪组织的生长性能决定屠宰率。同一个品种在相同饲养条件下，体重越大，肌肉和脂肪的比重越大，屠宰率越高。

6. 体组织生长与品种和性别的关系　早熟品种体重较轻时就能达到成熟年龄的体组织比率，晚熟品种达到成熟年龄体组织的比率较晚，因此肥育期较长。公牛骨、肌肉较多，脂肪的生长延迟。公牛、阉牛、母牛在生长前期，肌肉、脂肪和骨的生长趋势相似，但生长后期，母牛脂肪生长速度明显加快，阉牛次之，公牛明显较慢。

(五)牛的年龄鉴别

牛年龄的鉴定对种公牛的利用、母牛繁殖配种有重要关系。对于生产利用及经济价值大小也有重要关系。鉴别牛的年龄，最准确的方法是查看可靠的牛的档案记录。在缺乏档案资料时，尤其是购买牛时，则需根据牛的牙齿、角轮、外貌等情况来判断其年龄，其中以根据牙齿鉴别比较可靠。

1. 根据齿形鉴别年龄

(1)牙齿的种类、数目和齿式　牛的牙齿分为乳齿和永久齿(也叫恒齿)。乳齿一共 10 对 20 枚,上下各 3 对前臼齿,无后臼齿。乳齿长到一定的年龄就脱换为永久齿。永久齿一共 16 对 32 枚,4 对下门齿,无上门齿;前臼齿和后臼齿上下各 3 对。乳齿小、薄、有齿颈,齿间空隙大,颜色洁白,排列不整齐;永久齿粗壮,齿冠长,齿间无空隙,齿根呈棕黄色,齿冠色白微黄,排列整齐。鉴别年龄时主要看 4 对门齿。从中间向外侧分别称为钳齿、内中间齿、外中间齿和隅齿。臼齿有前臼齿和后臼齿之分,每侧各 3 对,无特殊名称,大多用牙齿的排列顺序依次命名。

(2)鉴别的依据和方法　根据牙齿鉴别牛的年龄,主要依据门齿的发生、脱换、磨蚀形状等规律性的变化。一般犊牛出生时已长有 1～2 对乳门齿,3～4 月龄乳门齿发育完全,4～5 月龄乳齿面逐渐磨损,磨损到一定程度乳门齿开始脱落换生永久齿。更换的顺序是从钳齿开始,最后是隅齿。当门齿换齐时,又逐渐磨损。所以,由门齿的更换和磨损,就可以较准确地判断牛的年龄。牛的门齿从中间到两侧,其脱换时间相差 1 年,故外侧 1 对牙齿的形状变化比中间牙齿晚 1 年,但规律是一致的。门齿更换齐全称为齐口。牛齐口的年龄为 5 岁。齐口以前,牛的牛龄鉴定方法概括为:“1.5 岁,1 对牙;2.5 岁,2 对牙;3.5 岁,3 对牙;4.5 岁,4 对牙”。钳齿 1.5 岁开始脱换,呈现 1 对永久齿,一般长齐需半年,即 2 岁长齐。其外侧各对牙齿分别晚 1 年脱换。也可用“永久门齿的对数＋1＝年龄”的方法判断。齐口以后的年龄,主要依据永久门齿的齿面磨蚀情况来判断。齿面形状的变化规律是:初为长方形或横椭圆形,随着磨蚀程度加深,逐步由长方形先后向三角形、四边形或不等边形和圆形过渡。每一个形状变化大约需 1 年时间,对钳齿,6 岁呈长方形,7 岁呈三角形,8 岁呈四边形或不等边形,9 岁呈现圆形。其余各对门齿分别比中间 1 对晚 1 年呈现上述规律性变化。10

岁以后，牛的钳齿齿髓腔暴露，即出现齿星。内中间齿、外中间齿、隅齿分别在11岁、12岁、13岁出现齿星。再往后，齿面圆形纵径加大，终成卵圆形，年龄在13岁以上，统称老牛，不再鉴定。

为便于记忆，牛的年龄鉴别方法可概括为如下口诀："2、3、4、5看脱换，6、7、8、9看磨面，10、11、12、13看珠点。"

鉴定时，鉴定人员站立于被鉴定牛只头部左侧附近，用徒手或鼻钳法捉住牛鼻。左手握住牛鼻中隔最薄处（鼻软骨前缘），顺手抬举头，使呈水平状态。随后，迅速以右手插入牛的左侧口角，通过无齿区，将牛舌抓住，顺手一扭。用拇指尖顶住上腭，其余4指握住牛舌，并拉向左口角外。然后检查牛门齿变化情况，按判定标准衡量牛的年龄。

2. 根据角轮鉴别年龄　角轮是在饲料贫乏季节或在妊娠期间，由于营养不足而形成。母牛每分娩1次，角上即生一凹轮。所以，从理论上讲，母牛每年分娩1次，形成1个角轮，则角轮数加2，即为该牛的年龄。角轮的深浅、有无，受营养条件的影响。营养条件好，则角轮浅，界限不清，相对不易判断；营养条件差，则角轮深，易判断。

3. 根据外貌特征鉴定　老龄牛一般四肢站立姿势不正，营养欠佳，被毛乱而无光泽，颜色混生白毛，眼睑下陷，有较多的皱纹且目光呆滞，塌腰，凹背，肢前踏，行动迟缓。青年牛一般被毛有光泽，粗硬适度，皮肤柔润而富弹性，眼盂饱满，目光明亮，行动活泼有力。

根据外貌，只能鉴定牛的老幼，而不能准确判断年龄。

二、肉牛的繁殖特性

肉牛繁殖性能直接决定肉牛养殖效益。提高繁殖性能，缩短产犊间隔，才能使牛群数量增加，进而促进肉牛生产水平和养殖效益的提高。母牛、公牛的繁殖器官及其功能见表 2-1。

表 2-1 公牛、母牛的繁殖器官及其功能

	睾丸	附睾	阴囊	输精管	尿生殖道及副性腺	阴茎	包皮
公牛	产生精子，分泌雄激素，调节性行为，决定第二性征	精子成熟和贮存	调节睾丸和附睾温度	输出精子、射出精子	精子排出的通道，分泌性激素	交配器官	对阴茎起保护和滋润作用
	卵巢	输卵管	子宫	阴道	外生殖器官		
母牛	产生卵子，分泌雌激素、孕酮	卵子受精处，精子运行通道，精子获能及受精卵卵裂的地方	为胚胎的附植、发育、分娩提供条件	交配器官和产道	交配器官		

(一)初情期

公牛的初情期是指初次出现性行为和能够射出精子的时期；母牛的初情期是指初次发情和排卵的时期。肉牛到达初情期，虽然可以产生精子（公牛）或排卵（母牛），但性腺仍在继续发育，没有达到正常的繁殖力，公牛精子产量还很低，母牛发情周期往往不正常，此时还不适宜开始配种。

(二)性成熟与体成熟

公牛的性成熟是指公牛生殖器官和生殖功能发育趋于完善，

达到能够产生具有受精能力的精子，并有完全的性行为的时期。公牛性成熟期为 10～18 月龄。母牛的性成熟是指母牛有完全的发情征状，排出能受精的卵子以及保持有规律的发情周期，具有了繁衍后代能力的时期。母牛性成熟期为8～14 月龄。

体成熟是指肉牛骨骼、肌肉和内脏器官已基本发育完全，而且具备了成年牛固有的形态结构。体成熟期要比性成熟期晚得多。肉牛达到性成熟，开始具备正常的繁殖能力，但由于身体仍在生长发育，过早配种既不利于公、母牛本身的发育，又影响其繁殖功能。如年龄已达到，体重仍达不到时，应推迟配种，反之也可适当提前。总之，以达到体重标准为宜，一般为成年牛体重的 60%。

（三）发情及其鉴定

1. 发情与发情周期　发情是指母牛发育到一定年龄时所表现的一种周期性的性活动现象，主要受卵巢活动规律所制约。随着卵巢的每次排卵和黄体形成与退化，母牛整个机体，特别是生殖器官发生一系列变化。

出现初情期后，除母牛妊娠和产后一段时间（20～40 天）外，正常母牛则每隔一定时期便开始下一次发情，周而复始，循环往复。从这一次发情开始至下一次发情开始的间隔时间叫做发情周期。母牛的发情周期平均为 21 天（18～24 天），一般青年母牛比经产母牛短。发情周期通常可分为 4 个时期：发情前期、发情期、发情后期和休情期。

（1）发情前期　发情前期是发情期的准备阶段。母牛雌激素分泌增加，生殖腺体活动加强，分泌物增加，但还看不到阴道中有黏液排出，母牛尚无性欲表现。该期持续 1～3 天。

（2）发情期　发情期是指母牛从发情开始至发情结束的时期，又称发情持续期。发情持续期一般为 18 小时（6～36 小时）。母牛在发情期内行为和生殖器官有明显的特征变化，比较容易观察。

对发情的观察与鉴定的准确与否直接影响配种时间的把握，从而影响受胎率。因此，在生产中大多根据发情期的征状进行发情鉴定，适时配种。

（3）发情后期　发情后期母牛无发情表现。多数育成牛和部分成年母牛从阴道流出少量血液。该期持续时间为3～4天。

（4）休情期　休情期又叫间情期。母牛无发情表现。休情期的长短，常常决定了发情周期的长短。该期约持续12～15天。

2. 发情鉴定　发情鉴定的目的是及时发现发情母牛，正确掌握配种时间，防止误配漏配，提高受胎率。鉴定母牛发情的方法有外部观察法、试情法、阴道检查法、直肠检查法等。

（1）外部观察法　外部观察法是鉴定母牛发情的主要方法。根据母牛的外部表现来判断发情状况。母牛发情时表现兴奋不安，对外界环境的变化反应敏感，东张西望，食欲减退，反刍时间减少，不时哞叫，举尾拱背，频频排尿。发情母牛阴唇肿胀，从阴道流出黏液，初期量少，盛期较多，后期又减少。随着发情时间的延长，黏液由稀薄透明变为较混浊而浓稠，常粘在阴唇下部及尾根或臀端周围被毛处，随后结痂。在此期间母牛还表现为爬跨其他牛或接受其他牛爬跨，因此根据观察母牛爬跨现象来判断发情表现非常有价值。母牛发情时，常引起公牛或其他母牛尾随和爬跨。发情初期不接受爬跨，发情盛期接受爬跨而站立不动，后肢开张，举尾拱背。由于公牛或其他母牛多次爬跨，往往在发情母牛背腰和尾部留有泥垢，被毛蓬乱。可根据此种现象确定发情母牛。在发情末期，虽有公牛和母牛尾随，但发情母牛不再接受爬跨，并逐渐变得安静。在集约化养殖场，管理者根据这一特点，将颜料液装在特制的容器内，然后固定在母牛的尾根的背侧，凡被爬跨的母牛，容器破裂，颜料液将尾根周围毛及皮肤染色，据此发现发情母牛。母牛发情表现图解见图2-1。

表现发情初期　　发情盛期　　发情终止

1.站立鸣叫
2.互相对闻
3.试图爬跨他牛，
但不接受爬跨
4.外阴红肿、湿润
5.生殖道流出清亮
黏液

1.接受爬跨
2.频繁哞叫
3.兴奋不安
4.爬跨其他牛
5.生殖道流出浓
稠混浊的黏液

1.不接受爬跨
但爬跨其他牛
2.互相对闻
3.生殖道流出清亮黏液

图 2-1　母牛发情期表现示意图

(2)试情法　在生产中，通过观察公牛紧随母牛的表现来鉴定发情是一种效果较好的方法。利用输精管结扎的公牛或阴茎改道或切除阴茎的公牛试情，是比较简单、易行的。有时为了减少公牛结扎输精管的麻烦、避免结扎输精管的公牛阴茎插入母牛阴道，可能引起的感染，选择特别爱爬跨的母牛代替公牛，效果也很好。另外，还可使用下腭标记笔法，即用容量 0.54 千克左右的壶状物固定在牛笼头上，壶中装满液体油剂染料，壶的中部有一滚动的圆珠装置(与圆珠笔原理相似)。试情公牛戴上笼头，圆珠正好位于下腭的下面，当公牛爬跨从母牛腰部滑下时，其下腭便拖下一条色线。壶中的染料一周加一次即可，比较方便。或将试情公牛胸前涂以颜色或安装带有颜料的标记装置，放在母牛群中，凡经爬跨过的发情母牛，都可在尻部留下标记。不同规模和生产组织形式的养殖场，采用不同的方法。

(3)阴道检查法　阴道检查法又称开膣器法，是鉴定母牛发情的辅助方法。其方法是用开膣器将母牛阴道张开，观察阴道黏膜分泌物和子宫颈外口的变化，从而判断母牛发情与否。不发情母牛阴道黏膜苍白、干燥，子宫颈口紧闭。母牛发情时，阴道黏膜充血、潮红、湿润，阴道内有较多的黏液分泌物，有时打开阴道，可见黏液呈玻璃棒状从子宫颈流出，与阴道内黏液连在一起。随着发情时间的延长，黏液逐渐由稀变稠，量由多变少，子宫颈外口充血、松弛、开张。

因该方法容易损伤阴道，并且要求开膣器的清洗消毒严格。因此，目前已不常用。

(4)*直肠检查法* 操作者将手伸入母牛直肠内，隔着直肠壁检查生殖器官的变化、卵巢上卵泡发育情况，判断母牛发情与否的一种方法。母牛发情时，可以摸到子宫颈变软、增粗，由于子宫黏膜水肿，子宫角体积增大，收缩反应明显，质地变软，卵巢上有发育的卵泡并有波动感。直肠检查法需要一定的生理解剖知识，并经长期的训练才能保证准确率、减少牛的损伤，因此由专门的配种员操作。

由于母牛发情期较短，发情外部表现比较明显，所以一般都以外部观察法作为判断发情的主要方法。在实施放牧的地区，试情法是应用较多的方法。目前随着肉牛集约化养殖的快速发展，养殖技术逐渐专业化和科学化。直肠检查法在生产实践中逐步得到广泛应用。饲养员必须掌握外部观察法进行发情鉴定，详细记录牛号和时间，并及时告知技术员，做进一步的处理。

(四)母牛常见的异常发情

母牛发情受许多因素影响，发情时没有外部征状或不能正常排卵或长期发情等都属于异常发情，最常见异常发情有以下几种：

1. 隐性发情(又叫暗发情) 这种发情外部征状不明显，难以看出。但卵巢上的卵泡正常发育成熟并排卵。母牛产后第一次发情、年老体弱或营养状况差时易发生隐性发情。在生产实践中，当发现母牛连续两次发情之间的间隔相当于正常发情间隔的2～3倍，即可怀疑中间有隐性发情。

2. 短促发情 母牛的发育持续期非常短，如不注意，容易漏情，此种现象与气候炎热有关，多发生在夏季，也与卵泡发育停止或发育受阻有关，年老体弱母牛或初次发情的青年牛易发生。

3. 假发情　母牛外部发情征状明显，但卵巢上无卵泡发育、不排卵。分两种情况：一种是母牛怀孕几个月后出现爬跨现象，而阴道检查发现子宫颈口不开张、无松弛和充血现象、无分泌物，直肠检查能摸到子宫增大和胎儿；另一种是患有卵巢机能失调或有子宫内膜炎的母牛，也常出现假发情。因此有的假发情牛不经检查而误配，会造成流产。

4. 持续发情　发情频繁而没有规律性，发情时间超过或明显短于正常发情周期。主要是由于卵泡发育不规律，生殖激素分泌紊乱所致。分两种情况：一种是由卵巢囊肿引起，这种母牛有明显发情征状，卵巢也有卵泡发育，但迟迟不成熟，不能排卵，而且继续增大、肿胀，甚至造成整个卵巢囊肿，充满卵泡液。由于卵泡过量分泌雌激素而使母牛持续发情；另一种情况是卵泡交替发育，左右两个卵巢交替出现卵泡发育，产生大量雌激素而使母牛持续发情，有的母牛可以长达 3 天以上。

5. 不发情　母牛不发情原因很多，营养不良或气候因素影响，生殖器官先天性缺陷，卵巢、子宫疾病或其他疾病，此外哺乳期母牛一般发情较迟。对不发情母牛做仔细检查，从加强饲养管理和治疗疾病两方面采取措施。

（五）同期发情

同期发情的实质是诱导一群母牛在同一时期发情排卵的方法。正常情况下，母牛群中的牛只发情是分散而不整齐的，从而配种和产犊均较分散，增加了劳动量。现行的同期发情技术，主要是用激素处理牛只，使母牛群的发情变分散为集中。同期发情可以集中实施人工授精，不必进行繁琐的发情鉴定，能节约时间和劳动力，提高工作效率。目前同期发情技术已逐步在商品肉牛业中得到应用。同期发情也是牛胚胎移植时常用的一项技术。

(六)配　种

1. 发情母牛适宜的配种时间　母牛排卵一般在发情结束后10～12小时。卵子排出以后在输卵管内保持受精能力的时间为8～12小时。所以,输精时间安排在排卵前6～8小时受胎率最高。在生产实践中,发情后期输精较好,一般是早晨发情(接受爬跨)傍晚输精;下午发情第二天上午输精。在一个发情期内输精2次可以提高受胎率。进行两次输精时,可在发现发情时输精1次,间隔10～12小时再输精1次。

饲养员应仔细观察牛群,及时检出发情牛,掌握每头母牛的发情规律,在最佳时间配种,提高受胎率。

2. 配种方式　牛的配种方式可分为自然交配和人工授精两种方式。

(1)自然交配　自然交配又称本交,是将公牛按合理比例,常年或者在配种季节放入母牛群内自由选择交配。这种方式工作量小,操作简单,受配率高,受胎率也高。但需要公牛数量大,且利用率低,容易传播传染性疾病。在生产中不易集中管理,对集约化养殖场不适合。因此已被人工授精所替代。

(2)人工授精　人工授精指借助专门器械,用人工的方法采集公牛的精液,经过体外检查和特定处理后,注入到发情母牛生殖道的特定部位,使其受胎的一种繁殖技术。人工授精技术可以提高优良种公牛的利用率,减少大量饲养种公牛的费用,同时可以减少疾病的传染,增加肉牛养殖的生产效益。

人工授精采用的精液有新鲜精液和冷冻精液,其中冷冻精液比新鲜精液使用普遍。冷冻精液主要有细管冷冻精液和颗粒冷冻精液。

牛的输精方法有开膣器输精法和直肠把握子宫颈输精法两种,目前应用较普遍的是后者。饲养员只须初步了解配种方法,操作时听从配种员的指挥，做好辅助工作。

(七)妊娠与分娩

1. 妊娠与妊娠诊断　妊娠是指精子和卵子结合形成胚胎，经过一系列的细胞分裂和生长，形成胎儿，胎儿发育成熟后与其附属膜共同排出母体前的整个生理过程。牛的妊娠期为280天左右。胚胎在子宫内发育、成长，直至分娩所需要的时间为妊娠期。及早做好母牛的妊娠诊断，可以防止母牛空怀，对未孕牛及时配种提高牛群繁殖率，同时要对受孕母牛加强饲养管理，做好保胎工作。

妊娠诊断的方法包括以下几种。

(1)外部观察法　输精的母牛如果在配种后20天、40天两个情期不返情，就可以初步认为已妊娠。母牛妊娠后表现为性情安静，食欲增加，膘情好转，被毛光亮。妊娠5～6个月以后，母牛腹围增大，右下腹部尤为明显，有时可见胎动。但这种观察都在妊娠中后期，不能做到早期妊娠诊断。

(2)阴道检查法　检查阴道黏膜，妊娠20天后，阴道黏膜苍白，向阴道插入开膣器时感到有阻力。检查阴道黏液，妊娠后，黏液量少而黏稠，混浊、不透明、呈灰白色。检查子宫颈外口，用开膣器打开阴道后，可以看到子宫颈外口紧缩，并有糊状黏块堵塞颈口，称为子宫栓。此法因使用开膣器，有可能造成流产，因此慎用。

(3)直肠检查法　这是目前早期妊娠诊断的主要手段。检查的顺序依次为子宫颈、子宫体、子宫角、卵巢、子宫中动脉。母牛妊娠1个月时，两侧子宫大小不一，孕侧子宫角稍有增粗，质地松软，稍有波动感，用手握住孕角，轻轻滑动时可感到有胎囊；未孕侧子宫角收缩反应明显，有弹性。孕侧卵巢有较大的黄体突出于表面，卵巢体积增加。母牛妊娠2个月时，孕角大小为空角的1～2倍，犹如长茄子状，触诊时感到波动明显，角间沟变得宽平，子宫向腹腔下垂，但可摸到整个子宫。母牛妊娠3个月时，孕侧卵巢较大，有黄体;孕角明显增粗(周径10～12厘米),波动明显,角间沟消失,子宫开始沉向腹腔,有时可摸到胎儿。

(4)孕酮水平测定法　配种后如果怀孕,血液中(或乳中)孕酮含量较未孕雌性动物显著增加。用放射免疫法测定血浆(或乳中)的孕酮含量,以判定雌性动物是否妊娠。

2. 分娩与助产　妊娠期满后,母牛把成熟的胎儿、胎衣及胎水排出体外,这个生理过程,即为母牛的分娩。

(1)预产期的推算　肉牛妊娠期一般为280天左右,前后差5～7天为正常。生产上常按配种月份数减3,配种日期数加6来计算肉牛预产期。若配种月份数小于3,则直接加9即可。如一牛2007年2月26日配种,此牛的预产期为2007年11月(2+9)23日(26—3)。

(2)分娩预兆　母牛在临近分娩前几天,乳房发育比较迅速,体积增大,常有水肿,临产前乳头也膨起,充满初乳;在分娩前约1周,阴唇开始逐渐肿胀、松软、充血,阴唇皮肤上的皱纹逐渐展平。阴道黏膜潮红,黏液由浓厚黏稠变为稀薄滑润。子宫颈在分娩前1～2天开始肿胀、松软,子宫颈内黏液栓变稀,流入阴道,从阴门可见透明黏液流出。骨盆韧带从分娩前1～2周开始软化,至产前12～36小时,尾根两旁只能摸到松软组织,且荐骨两旁组织塌陷。临产前母牛表现不安,食欲减退或停食,前肢搂草,常回顾腹部。频频排粪、排尿,但量很少,举尾,起卧不安。此时应安排专人看护,做好接产和助产的准备。

(3)分娩过程　母牛分娩的持续时间从子宫颈开口到胎衣排出,平均为9小时,这段时间内必须加强对母牛的护理。母牛分娩的过程可分为开口期、胎儿产出期和胎衣排出期。

①开口期:子宫开始阵缩到子宫颈口充分开张这段时间为开口期,一般需2～8小时(0.5～24小时)。牛表现特征是只有阵缩而不出现努责。初产牛表现不安,时起时卧,徘徊运动,尾根抬起,

常作排尿姿势，食欲减退；经产牛一般比较安静，有时看不出什么明显表现。

②胎儿产出期：子宫颈充分开张至产出胎儿这段时间为胎儿产出期，一般持续 3～4 小时(0.5～6 小时)。初产牛一般持续时间较长；若是双胎，则两胎儿排出间隔时间一般为 20～120 分钟。特点是阵缩和努责同时作用。进入后期，母牛通常侧卧，四肢伸直，强烈努责，羊膜、绒毛膜形成囊状突出阴门外，该囊破裂后，排出浅白或微黄色的浓稠羊水。胎儿产出后，尿囊才开始破裂，流出黄褐色尿水。但有时尿囊可先破裂，然后羊膜囊才突出阴门破裂。在羊膜破裂后，胎儿前肢和唇部逐渐露出并通过阴门。伴随母牛的不断阵缩和努责，整个胎儿顺产道滑下，脐带则自行断裂。产科临床上的难产即发生在产出期。难产常常由于临产母牛产道狭窄，分娩无力，胎儿过大，胎位、胎势、胎向异常等多种因素造成。因此，牛场的畜牧兽医技术人员要及早做好接产、助产准备。

③胎衣排出期：当胎儿产出后，母牛即安静下来，经过一段时间后子宫阵缩(有时还配合轻度努责)，排出胎衣，这段时间为胎衣排出期。从胎儿产出后到胎衣完全排出为止，一般需 4～6 小时(0.5～12 小时)。若超过 12 小时，胎衣仍未排出，即为胎衣不下，需及时请兽医人员进行手术剥离。

(4)助产　助产目的在于产犊时对母牛和胎儿状况进行观察，在必要时加以帮助，达到母仔安全，提高成活率。但应特别指出，接产工作一定要根据分娩的生理特点进行，不要过早过多地干预。

母牛到达预产期，要进入产房内进行饲养管理，固定专人看管，昼夜均应有人值班。产房要选择清洁、安静、宽敞、通风良好的房舍。产房在使用前要进行清扫消毒，并铺上干燥、清洁、柔软的垫草。产房内要准备好脸盆、肥皂、毛巾、刷子、细绳，消毒药品(来苏儿溶液、70％酒精、5％碘酊等)、脱脂棉以及镊子、剪刀、产科绳等。这些用品都应保持清洁，放在固定的地方，以便随时取用。另外，要准备好热水和照明设备。当母牛表现不安等临产征状时，确定专人注意观察，保持产房安静。

一般经产母牛都会顺利产犊，青年母牛产犊时需要特别注意，必要时进行助产。助产前将母牛外阴部、肛门、尾根及臀部用温水、肥皂洗净擦干，再用1%来苏儿溶液消毒肛门、外阴部、尾根周围。助产人员剪短指甲并磨光，手及手臂消毒。使母牛左侧着地卧下，以减少瘤胃对胎儿的压迫。当母牛开始努责时，如果胎膜已经露出而不能及时产出，应注意检查胎儿的方向、位置和姿势是否正常。只要胎儿胎位和姿势正常，可以让其自然分娩，若有反常应及时矫正。胎儿蹄、嘴、头应最先出来，羊膜绒毛膜自行破水。如蹄、嘴、头大部分已经露出阴门仍未破水时，可用手指轻轻撕破；如果母牛努责无力，可用手或产科绳缚住胎儿的两前肢掌部，同时用手握住胎儿下颌，随着母牛努责，左右交替用力，顺着骨盆产道的方向慢慢拉出胎儿；倒生胎儿应在两后肢伸出后及时拉出，因为当胎儿腹部进入骨盆腔时，脐带可能被压在骨盆底上，如果排出缓慢，胎儿容易窒息死亡。手拉胎儿时，要注意在胎儿的骨盆部通过阴门后，要放慢拉出速度，以免引起子宫脱出。在胎儿全部产出后，首先用毛巾、软草把鼻腔内的黏液擦净，然后把犊牛身上的黏液擦干。多数犊牛生下来脐带可自然扯断。如果没有扯断，可在距胎儿腹部10～12厘米处涂擦碘酊，然后用消毒的剪刀剪断，在断端涂上碘酊。处理脐带后要称量初生重，编号，填写犊牛出生卡片，放入犊牛保育栏内，准备喂初乳。

恶露是正常分娩母牛排出胎衣后，在黏膜再生的过程中，变性脱落的子宫黏膜、部分血液、残留在子宫内的胎水和胎衣碎片、子宫腺的分泌物等的混合液体。在产后一段时间内可见恶露从阴道流出。由于分娩是开放式的，子宫内会有细菌侵入而在恶露中生长繁殖。如母牛健康、环境洁净、母牛子宫收缩有力、激素分泌正常，一般在分娩20天后恶露渐止，子宫达到基本无菌状态，这种生理机制称为子宫自净作用。如果恶露中出现其他性质和颜色的恶臭物质，表明发生子宫内膜炎。产后10天内未见恶露流出或发生乳房炎，表明恶露滞留子宫，并可能发生子宫内膜炎。因此助产中环境和器具要保持洁净，避免操作中将污染物带入产道。

3. 难产及防治措施　在分娩过程中，由于母体或胎儿异常，使母牛不能顺利地产出胎儿称为难产。难产主要是由于产力异常、产道异常和胎儿异常三个方面的原因造成的。怀孕母牛营养不良、疾病、疲劳、分娩时外界因素干扰等，使母牛产力减弱或不足；不适时的给予子宫收缩剂，可引起产力异常。骨盆畸形、骨折、子宫颈、阴道及阴门的瘢痕、粘连和肿瘤，母畜在生长期发育不良、产道狭窄等都可造成产道异常性难产。胎儿活力不足，畸形，过大，胎位（胎儿背部与母体背部或腹部的关系）的下位和侧位，胎势的胎头弯曲、关节屈曲等，以及胎向的横向或竖向，都可导致胎儿难以通过产道而难产。母牛难产多发生于超过预产期。妊娠母牛表现不安而不时徘徊、阵缩或努责、呕吐、阴唇松弛湿润，阴道流出胎水、污血、黏液，并时而回头顾腹及阴部，但经1～2天不见产犊，有的产犊后仍表现不安，腹下触摸还有胎儿，有的外阴部夹着胎儿的头或腿而长时间不能产出。随难产时间延长，妊娠母牛的精神变差，痛苦加重，呻吟、精神沉郁、鼻镜干燥、心率增加、呼吸加快、阵缩减弱。病至后期阵缩消失，卧地不起，甚至昏迷。

母牛难产的预防，首先要改善母牛的饲养管理，均衡营养。母牛营养不良，不但胎儿活力不足，而且分娩时母牛的产力微弱；营养过剩则可使胎儿过大，加之运动不足也可降低母牛的产力。其次要及时治疗母牛疾病，促使其早日康复，保证分娩时有充足的产力。尤其应注意对阴道和子宫疾病的治疗，以防产道性难产的发生。最后还要适时而正确地进行临产检查。临产检查应在产牛开始努责到胎囊露出或排出胎水时进行，检查过早难以确定胎位、胎势及胎向，检查过迟可能已成难产。当知胎儿并无异常时，应让其自然娩出;若有异常,应立即矫正。饲养员应配合兽医人员、留意观察、及时报告。

三、肉牛的消化特点

饲养员必须了解肉牛的消化特点,才能自觉遵守饲喂制度,发现饲喂中存在的问题为饲喂方案的改进提供依据。通过观察采食反刍、嗳气和粪便性状了解牛的健康状况。

(一)瘤胃的消化

肉牛采食饲料后降解并释放营养成分的过程叫做消化。饲料被消化成小分子营养成分后,进入血液,运送到各个组织器官利用。了解肉牛主要消化系统的组成和功能以及各种营养物质的消化吸收和利用过程是养殖者成功饲养的第一步。

肉牛属于反刍动物,消化器官由口腔、咽部、食管、胃、十二指肠、空肠、回肠、盲肠、结肠和直肠等部分组成。牛的胃由4个胃室组成,即瘤胃、网胃、瓣胃和皱胃。4个胃室并非连成一条直线,而是相互交错。牛胃示意图见图2-2,解剖图见图2-3。

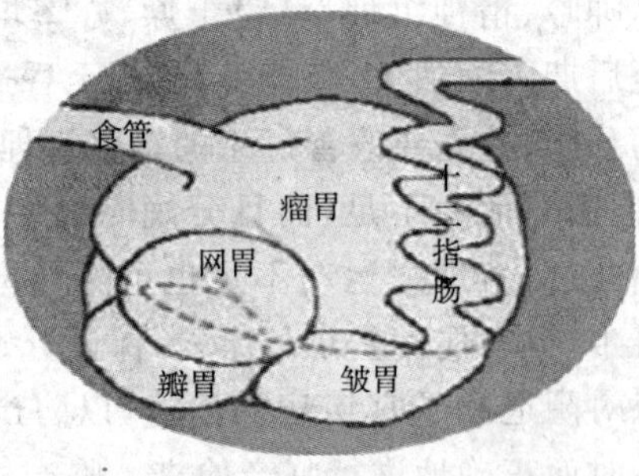

图2-2 牛胃示意图

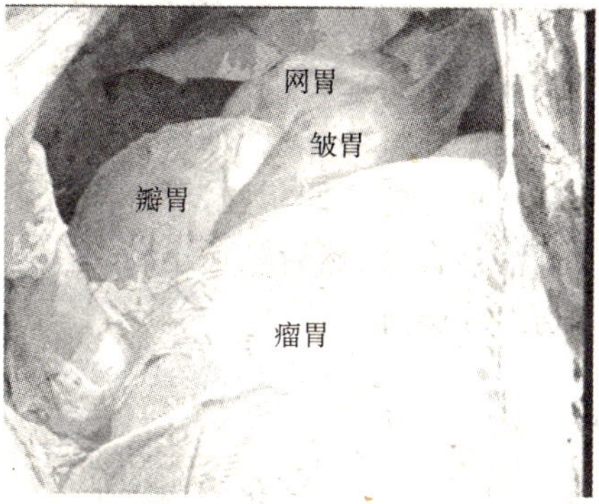

图 2-3　牛胃解剖图

饲料按顺序流经 4 个胃室。其中一部分进入瘤胃的食物返回口腔内再进行咀嚼,此现象为反刍。一头成年牛 4 个胃室有各自作用和功能。瘤胃主要功能:第一是能暂时贮存饲料,一头成年牛的瘤胃容积可达 151 升,能贮存 136 千克的内容物。牛采食时把大量饲料贮存在瘤胃内,休息时再将较大的饲料颗粒返回到口腔内,慢慢咀嚼。嚼碎后的饲料则迅速通过瘤胃进入网胃。瘤胃的第二个功能是进行微生物发酵、合成。牛的瘤胃内有数以亿计的微生物、细菌、原虫和真菌,这些微生物依靠牛采食的饲料生长。通过微生物发酵,将鸡、猪等单胃动物难以消化的粗纤维分解成挥发性脂肪酸,为肉牛提供能量,另一方面可利用尿素等非蛋白氮物质合成大量的微生物蛋白质,供给肉牛增膘长肉。瘤胃是这些微生物生长和繁殖的理想环境,平均每 30 分钟就繁殖 1 代,同时能合成 B 族维生素。因此牛得到的许多营养物质并不是直接来自饲料,而是瘤胃微生物。

肉牛的第二个胃是网胃。网胃位于瘤胃的前部,实际上这两个胃并不完全的分开。因此饲料颗粒可以在两个胃之间自由地移动。网胃的内皮有蜂窝状组织,因而俗称蜂窝胃。网胃的主要功能如同筛子,随饲料吃进去的一些重物,如钉子和铁丝等都能存在其中,也称为硬胃。第三个胃是瓣胃,其内层表面排有组织状的皱褶。目前人们对瓣胃的作用还不十分清楚。一般认为它的主要功能是吸收饲料内的水分和挤压、磨碎饲料。第四个胃皱胃,也叫真胃。它的功能与猪和禽胃的功能相同,可分泌消化液使食糜变湿。饲料离开真胃时呈液状食糜,然后到达小肠,进一步消化并进行吸收。未消化的食物经大肠排出体外。

(二)采　食

牛无上门齿,舌头表面有角质化的钩状上皮,防止食入的草料掉落口外。采食时牛将舌头伸到口外,将草料卷入口中,稍加咀嚼即咽下。牛采食的特点是采食粗糙、速度快,不像骡马等草食畜那样细嚼慢咽。这种特性使牛等反刍家畜容易将混入草料中的异物,如铁器(铁丝、铁钉、铁片、针)或玻璃等吃进网胃。由于网胃位于腹腔前下部,当网胃进行强有力地收缩时,这些异物常穿刺胃壁,引起创伤性心包炎。饲喂块根块茎类饲料(胡萝卜、甘薯)或落果时必须切碎,否则牛不经咀嚼即咽下,易造成食管梗塞。牛若误食塑料膜易使瓣胃梗塞,危及性命。因此,饲养管理上必须细心,加强对粗料和精料的检查,防止牛误食异物。在适宜温度内、自由采食情况下,牛 1 天的采食时间为 6～7 小时,均匀地分为 4 次。牛的采食习性受气温、气候变化的影响。气温低于 20℃时,自然采食时间的 68％在白天,气温 27℃时降到 37％,高于 30℃时仅 11％的采食时间在白天。因此,夏季炎热地区牛在夜间要多喂草料。

(三)反　刍

反刍是反刍动物所特有的消化特点。牛在采食后,不经充分咀嚼,匆匆吞咽入瘤胃的饲草、饲料,在瘤胃内浸泡和软化,通常在休息时返回口腔仔细咀嚼,即反刍。反刍活动是由一系列连续的反射性步骤组成，主要包括逆呕、再咀嚼、再混唾液和再吞咽。反刍是由于瘤胃前庭和网胃受粗糙饲料的刺激及皱胃的空虚而引起的。牛通常在采食后 0.5～1 小时出现反刍。牛 1 昼夜有 6～10 个反刍周期，累积反刍时间为每天 7～8 小时。反刍是否正常，是判断牛健康与否的标志之一。

反刍时需要安静的环境。经过反刍将饲料磨碎，有助于微生物对粗纤维的消化。最近的试验证明，反刍并不能提高消化率，只能增加牛利用的总饲料量。这是因为饲料颗粒必须小到一定细度才能通过瘤胃到达网胃。肉牛在吃优质牧草时所用的反刍时间较少，通过瘤胃进入网胃的速度也快，此时肉牛的采食量较大。需要注意的是牛采食粗饲料的量不要超过牛反刍 8 小时的量。否则，易引起肉牛消化性和营养性疾病。

四、肉牛饲料营养与日粮配制原则

（一）肉牛需要的营养物质

肉牛生存需要的营养物质主要有矿物质、蛋白质、碳水化合物、粗脂肪、维生素和水 6 类，这些营养物质是维持牛的生命活动、修补机体组织、生长发育、生产（产肉和产奶）、繁殖的重要物质，缺少任何一种都不行。

水是组成体液的主要成分，对牛体内物质正常代谢具有特殊功能，成年牛较瘦时体内含水量约占体重 70%，幼龄牛体内含水量比成年牛高。肥育后的牛体内含水量比瘦牛明显减少，仅占 40%～55%。这是因为肥育后牛体脂大量增加，脂肪组织含水量较少的缘故。水的功能主要是牛体细胞、组织和器官的组成成分，使牛的机体具有一定形态、硬度和弹性；是一种重要的溶液，营养物质的吸收和运输、代谢产物排泄等都依靠水作溶剂来完成；水是一种润滑剂，唾液能使饲料易于吞咽，润滑液能使关节腔减少摩擦；机体内一系列的生物化学反应是在水的媒介中进行的，如机体内水解反应，氧化还原反应，有机物的合成及细胞呼吸过程；水能调节牛的体温、牛代谢过程中产生的热量，通过体液交换和血液循环，将体内产生的热量经体表和呼吸散发，以维持体温恒定；水也是乳汁和牛肉、脂肪内的成分。牛瘤胃内的水分占 85%～90%，干物质仅占 10%～15%，瘤胃可以看作是体内的蓄水库和水的转运站。

肥育牛不能缺水，缺水时，食欲下降，采食量降低，饲料转化率也随之降低，直接影响肉牛的生长发育和增重。犊牛严重缺水时生长发育受阻，被毛失去光泽，体弱无精神。肥育期间，牛的饮水量与饲料性质和气候条件有关，如日粮中含粗蛋白质、矿物质及粗纤维高时，或日粮干物质含量高时，需水量增加 22%～100%；如果采食日粮内有青贮料、青绿饲料及糟渣类饲料时，需水量明显减少。肉牛围栏肥育时夏季需水量要比冬季增加 50%左右；舍饲肥育夏季有遮荫棚舍，通风、凉爽，需水量可减少 8%。各类牛的大致需水量为：繁殖母牛 50～55 升/日·头，8 周龄犊牛 1 升/日·头，16 周龄犊牛 6 升/日·头，6 月龄以上犊牛 5 升/日·头，肥育牛10～40 升/日·头。肥育牛所需饮水量常以采食饲料干物质计算。每采食 1 千克饲料干物质大约需水 3～4 升。如体重 600 千克时，采食 15 千克干物质日粮，则需水量 45～60 升/日·头。在适宜气温下，每 100 千克体重需饮 10 升水，天热时需增加至 12 升。

肥育时，牛舍和运动场应该设水槽，随渴随喝，水须经常更换，保持清洁、卫生、新鲜。放牧肥育或拴系饲养时，应定时饮水，每日 2～3 次，以饮足为原则。

矿物质在牛体内含量虽小（不到体重 0.05%），但作用很大。不仅是牛骨骼、牙齿和乳汁的主要成分，而且能够维持体内渗透压，酸碱平衡，并有帮助呼吸的作用等。

蛋白质是牛生命的源泉，它是修补和更新活体组织，提供合成激素并形成乳汁的主要成分，也是构成牛肌肉的主要成分。牛肉中蛋白质含量占21.1%。

碳水化合物是牛的主要能量来源。饲草饲料中的碳水化合物被牛消化吸收后转变成血液中的葡萄糖，肝脏和肌肉中的糖原以及奶中的乳糖。这些物质是维持牛正常生命活动、生长发育、繁殖和生产的能量。

脂肪是牛体贮备能量的来源。牛的体内脂肪、肌肉间脂肪和乳汁中脂肪分别占12%、10.2%、3.8%。肥育后犊牛体脂肪占10%，肥育阉牛体脂肪含量达41%。

维生素在饲草饲料中含量不多，但对牛来说，它是不可缺少的一种特殊物质，是牛新陈代谢过程中的活化剂，牛生命活动的各个方面都离不开维生素。

人们通过实际生产中积累的经验和各种饲养试验制定出了不同肉牛的种类、性别、年龄、体重、生产水平对各种营养物质的需要量，即饲养标准，饲养标准是配制肉牛日粮的依据，应用时结合实际可适当增减。

（二）饲料分类

饲料是营养物质的载体，肉牛为了满足各种营养需要须采食一定数量的饲料，肉牛1昼夜采食饲料的总和称为日粮。肉牛所采食的饲草饲料，按不同的分类原则，其分类方法很多，参考国际通用分类法结合我国实际情况可分为以下几类：青绿饲料（包括天然牧草、人工栽培牧草和青绿饲料作物）、青贮饲料（包括青贮饲料和半干青贮料）、青干草（野生干草和人工调制青干草）、秸秆饲料（各类农作物去掉成熟子实后的秸秆）、能量饲料（粗纤维含量不足18%，主要是谷物子实类及其加工副产品，块根、块茎类饲料及其加工副产品)、蛋白质饲料(干物质中粗蛋白质含量20%以上)、矿物质饲料(主要指骨粉、食盐及微量元素添加剂)和维生素饲料。肉牛常用的饲料分类见表2-2。

表2-2 牛常用的饲料分类表

分类	主要种类举例
青绿饲料	天然牧草,主要包括禾本科、豆科、菊科、莎草科四大类。人工栽培牧草与青饲作物包括豆科(苜蓿、红豆草)、禾本科(玉米、高粱、苏丹草、燕麦、大麦)
青贮饲料	包括青贮饲料(青贮玉米、青贮大麦、青贮燕麦、黑麦),半干青贮饲料(玉米秆、高粱秆)
青干草和秸秆饲料	青干草有野干草、苜蓿干草、大麦干草、小麦干草、三叶草、黑麦草、甜高粱、苏丹草。禾本科作物秸秆有玉米秸、稻草、麦秸、大麦秸、高粱秸、粟秸、糜秸、燕麦秸。豆科作物秸秆有大豆秸、蚕豆秸、豌豆秸、绿豆秸、花生秧
能量饲料	谷物子实类:玉米、大麦、燕麦、小麦、高粱、稻谷、荞麦。块根块茎类:饲用甜菜、胡萝卜、马铃薯、甘薯、饲料南瓜
蛋白质饲料	豆科子实:大豆、蚕豆、豌豆。饼粕类:大豆饼、棉籽饼、胡麻饼、芝麻饼、花生饼、葵花饼
矿物质饲料	食盐、石粉、贝壳粉、草木灰、磷酸钙
维生素饲料	胡萝卜

目前农村饲养肉牛所采用的饲草饲料按通俗叫法为粗饲料(各类饲草)、精饲料(各类子实及糠麸饼粕类)和糟渣类饲料(酿造工业、制糖工业、淀粉工业副产品)。除此之外在精料内还可补充矿物质(骨粉、食盐)以及非蛋白氮(尿素)等补充料。

1. 能量饲料 能量是肉牛生长期和肥育期最重要的营养物质,它是构成机体组织,维持生理功能和形成乳糖、乳脂的主要原料,更是肉牛生长肌肉,形成体内脂肪的主要原料。牛除了维持正常生命活动需要能量外，幼龄牛的生长发育，母牛在妊娠期间，肉牛肥育期间，根据生产性能的不同和生产力的高低，都需要额外增加大量的能量。能量来源于饲草饲料中的碳水化合物、脂肪和蛋白质，以脂肪含热能最高，但碳水化合物是能量的主要来源。

能量饲料中主要是谷物子实类，基本属于禾本科植物成熟的种子。这类饲料含丰富的无氮浸出物（淀粉和糖），占干物质71.6%～80.3%，消化率很高，含能量高。在牛瘤胃中消化后最终产物（如丙酸）是肉牛沉积体脂的能源，适宜肥育牛沉积脂肪。不足之处是蛋白质含量较少，占干物质8.9%～13.5%，特别缺乏钙，一般低于0.1%，磷的含量0.31%～0.45%，钙磷比例不适宜肥育牛生长需要，这类饲料还缺乏维生素A、维生素D。粗纤维含量较低，10%以下，并含有一定量的脂肪，为2%～5.15%。

能量饲料中还有块根块茎及瓜类饲料（如马铃薯、番薯、饲料南瓜、甘薯等），它们的特点是水分含量很高（75%～90%），容积很大，单位重量营养物质含量少。就干物质而言，粗纤维含量较低（2.6%～12.5%），无氮浸出物含量很高（67.5%～88.1%），而且多是易消化的糖分，因此含消化能较高。

2. 蛋白质饲料 蛋白质是生命的物质基础，是构成牛体各种组织器官、体细胞的基本材料。是机体组织不断生长、更新、修补的必要物质。也是肉牛机体新陈代谢中起特殊作用的酶、激素、抗体等生物活性物质的重要成分。更是形成牛肉蛋白质原料之一。公牛精液品质、母牛排卵及受胎等均与蛋白质有关。肉用幼龄牛生长发育需要较多的蛋白质，育成牛肥育期处于生长发育、增重阶段，蛋白质需要量很高，混合精料内的蛋白质和能量之比需要在3∶7。成年牛肥育时蛋白质适当降低，而能量需要增加，蛋白质与能量比为2∶8。牛的瘤胃很大，生长繁殖着大量微生物，它们能利用含氮化合物合成菌体蛋白，用于满足肉牛的营养需要。因此，牛对饲料中蛋白质品质要求不很严格，但日粮中应该供给足量的粗蛋白质。粗蛋白质包括纯蛋白、尿素等非蛋白含氮物质。

植物性蛋白质饲料是豆科子实类及其加工的副产品。这类饲料营养特点是粗蛋白质含量丰富(20%～40%),而无氮浸出物较谷类子实低,只有28%～62%。矿物质与维生素含量与谷物子实类大致相似。钙含量稍高,但钙、磷之比仍然不适宜,磷多于钙。豆类蛋白质饲料在生的状态下,含有抗胰蛋白酶,产生甲状腺肿的物质以及皂素和血凝集素等不良物质,它们影响豆类饲料的适口性、消化性,使肉牛产生过敏或中毒反应。因此,经过适当热处理(蒸煮或焙炒)后再喂。

饼粕类饲料是油料子实提取大部分油脂后的副产品(豆饼、菜籽饼、胡麻、芝麻、花生及亚麻饼等)。其营养特点是脂肪与蛋白质含量较高,但无氮浸出物含量比一般谷实类低(无氮浸出物含量28%～36%,粗蛋白质含量25%～47%,粗脂肪含量5%～25%)。饼粕类饲料应新鲜饲用,不宜存放过久,以熟饼或经过高温高压处理过的饼类为好,因有些饼类含有毒有害物质,如棉籽饼中含棉酚,菜籽饼中含芥子硫苷,亚麻仁饼中含亚麻苦苷。

动物性蛋白质饲料主要有鱼粉,因成本较高,只在育成牛肥育中少量使用。

3. 常用矿物质饲料 矿物质是维持牛体组织、细胞代谢和正常生理功能的重要物质,也是牛奶、牛肉的重要成分。牛需要的矿物质元素主要有钙、磷、钠、氯、钾、镁、硒、硫、铜、铁、锰、钴、锌、氟等。钙、磷、钾、钠、氯、镁含量较高,称为常量元素。钙、磷是牛骨骼、牙齿、体组织、牛奶、牛肉的成分。牛日粮中缺乏时,食欲减退,增重速度变慢,饲料转化率降低。由于骨组织中钙动用过多而引起骨软症,造成跛行、佝偻病、成年牛的溶骨症。生长肥育牛每增加1千克净重约需18克钙。肉牛日粮中钙磷的比例以1～2∶1为宜。钙、磷以石粉、贝壳粉、磷酸氢钙来补充,石粉、贝壳粉占精料的1%～2%。氯化钠(食盐)是肉牛胃液的成分,对维持牛体液渗透压具有重要作用。肉用牛食盐的喂量应占日粮干物质1%，肥育期间可适当增加喂量，在混合精料内一般食盐可占2%～3%。牛缺乏食盐时被毛粗乱，眼无光泽，食欲下降，增重的速度降低，且舐食异物。肉牛需要钾，缺钾时同缺钠一样，表现食欲减退、被毛无光泽、生长速度变慢、饲料转化率降低。牛对镁需要量也很高，幼龄牛肥育或成年牛肥育期间，日增重0.5千克时需要量为0.5～7克/日·头，日增重1千克时需0.8～8克/日·头。牛在早春季节单一放牧或饲喂禾本科牧草时容易发生缺镁痉挛、肌肉强直症，应该注意补镁盐。土壤缺碘地区，给牛补喂人工盐（碘化食盐）。高氟地区，牛放牧肥育时要防止氟中毒。缺硒地区牛易引起白肌病。肥育牛日粮中缺铜则食欲减退，体重下降，生长受阻，被毛粗糙、变灰色。可在食盐中加入0.5%的硫酸铜以防止缺铜。

含钠和氯的饲料为食盐（NaCl），缺碘地区用碘化食盐（即食盐中加入0.007%的碘化钾）。含钙饲料常用石灰石粉（碳酸钙）或贝壳粉。含磷饲料常用磷酸氢钙或过磷酸钙。其他矿物质元素应根据缺什么补什么的原则；如缺镁时每头日补20克的氧化镁；缺钴地区，每100千克的食盐混入60克硫酸钴或40～50克碳酸钴；缺硒地区每千克日粮（干物质）补充亚硒酸钠用0.1毫克等。

4. 维生素饲料　维生素有脂溶性（维生素A、维生素D、维生素E、维生素K等）和水溶性（维生素C和B族维生素等）两大类。牛的瘤胃中微生物能够合成B族维生素和维生素K；而维生素C也能在牛体内合成，因此这几种维生素在牛的体内一般不缺乏，而维生素A、维生素D和维生素E必须从牛的日粮中提供。

维生素A来源于胡萝卜、甜菜、植物绿叶和鱼肝油、蛋黄等。α-胡萝卜素在牛的体内可以转化成维生素A。牛长期饲喂麦秸、稻草等秸秆类粗饲料，应该补充维生素A。当维生素A缺乏时，牛的食欲下降，采食量降低，消瘦，被毛粗乱、无光泽，上皮细胞黏膜退化，出现干眼病、夜盲症，上皮细胞角质化，牙齿发育不正常，母牛多见流产和死胎，影响牛的繁殖能力。

维生素 D 为类固醇的衍生物，维生素 D_2 和维生素 D_3 最有营养意义。维生素 D_2 存在于植物体及酵母中的麦角固醇经紫外线照射而形成，维生素 D_3 是肉牛中皮肤无活性的 7-脱氢胆固醇经日光紫外线照射后形成的产物。牛缺乏维生素 D 时会影响机体内钙、磷的代谢，引起犊牛的佝偻病，呈现关节肿大、步态不稳、食欲不振、四肢强直、背部拱起、系部肿大、跛行等，妊娠母牛产死胎。肉用牛缺乏维生素 D，会影响生长发育，体重减轻，增重速度缓慢。

维生素 E 又称生育酚，为抗氧化剂。缺乏维生素 E 时公牛睾丸生殖上皮变性，母牛发情和受胎受影响，还导致犊牛白肌病、心肺萎缩变性、突然死亡和溶血性贫血。维生素 A、维生素 D、维生素 E 混合剂补充到牛日粮内，可显著提高母牛繁殖能力，提高产奶量并降低乳房炎的发生。维生素 E 主要来源于植物油、绿色植物和谷物种子内。

母牛每 100 千克体重每天有 19 毫克胡萝卜素就可以满足需要；成年母牛每日每头需要维生素 D 5 000～6 000 单位，对临产母牛，从预产前 5 天至产后第一天，每天供给大量维生素 D，能预防或减少乳热症的发生。牛在正常饲养条件下能从日粮中获得足够维生素 E，不需要额外补充。

5. 青绿饲料　青绿饲料营养丰富，全株都能被利用，其消化率高达 75%～85%，是提供多种维生素的来源。青绿饲料种类很多，有天然青草和人工栽培的饲草，含丰富的叶绿素。青绿饲料特点是含水量很高，为 70%～90%，粗蛋白质含量也较高，按干物质计算，生长良好的幼嫩青绿饲料，可消化粗蛋白质占 16%～23%，其中大部分是非蛋白质含氮物、游离态氨基酸和酰胺，容易被牛吸收利用。由于青绿饲料的蛋白质含有各种必需氨基酸，对犊牛的生长发育、母牛的繁殖和泌乳都具有良好作用。青绿饲料含有多种维生素，它是胡萝卜素的主要来源，每千克青草含 50～80 毫克胡萝卜素，此外还含有丰富的核黄素、烟酸等B族维生素和维生素C、维生素E、维生素K等。青绿饲料含矿物质丰富，而且钙、磷比例合适，基本上能够满足牛的营养需要。青绿饲料含碳水化合物中无氮浸出物较多，粗纤维较少，因此消化率很高。

总之，青绿饲料适口性好，易消化，营养完善，是肉牛肥育的主要饲料来源。夏秋季节舍饲或放牧肥育时大力提倡饲用青绿饲料。

在肥育时，不宜单一饲用，因其含水分高，也不宜喂量过大，应铡短后与少量麦秸或稻草等秸秆饲料或和青干草配搭混合饲用，以防止引起消化功能紊乱。特别注意肉牛采食大量带水青苜蓿易引起瘤胃臌胀造成死亡。因青绿饲料含能量较低，用青绿饲料肥育肉牛，还应适当补充精饲料或其他能量饲料，以求较高的增重。

6. 秸秆饲料　秸秆饲料指农作物收获子实后的枯黄茎秆部分，是我国农村养牛的基础饲料。秸秆饲料的主要特点是容积大，干物质中粗纤维含量高达35%～50%。粗蛋白质含量一般很低，豆科秸秆稍高为8.9%～9.6%，禾本科只有4.2%～8.7%。灰分(矿物质)含量较高，一般在6.1%～8.1%，稻草可高达17%，其中大量是硅酸盐，钙和磷含量都很低。维生素含量很少。秸秆饲料较粗硬，适口性差，难以咀嚼和消化。它是农村廉价而丰富的饲料，虽然总营养价值低，但收获量大。一般每收获1～1.5千克的粮食就可以得到1千克秸秆。

秸秆可作为肥育牛基础饲料，但单独饲喂肉牛增重很低，甚至难以维持体重，必须有一定的精饲料或其他饲料配合饲用。肥育牛大量采食秸秆饲料会造成垂腹，必然影响肉牛产肉潜力的发挥。秸秆饲料应搭配部分优质干草、青贮料或青绿饲料，以粗带精(适当饲喂一些混合精料)，精粗搭配，力求多样化，才能提高催肥效果。饲用的秸秆饲料不宜存放太久，以防发霉或腐烂，喂时除去尘土、杂质，最好经过氨化或碱化处理。

稻草和麦秸是农村养牛的主要饲草，但如果加工不好，或饲草饲料单一容易降低适口性，造成肉牛的营养不良，体重减轻，甚至引起骨软症。最好搭配豆科饲草，如粉碎的豆秸、苜蓿粉、沙打旺等。

7. 青干草 青干草就是禾本科、豆科及谷类作物保持大部分营养成分且易贮存的粗饲料。(野草、人工牧草或其他青绿饲料作物)在未结子实之前收割、干燥和贮存，含有85%～90%干物质。青干草营养价值取决于其原料种类、生长阶段及干燥调制技术等。优质青干草绿色、多叶、柔韧、适口性好。所含粗蛋白质、胡萝卜素、维生素D、维生素E及矿物质均较丰富，是一种营养价值完善的极好饲料。就能量而言，豆科、禾本科干草及谷类作物之间没有显著差别。紫花苜蓿、三叶草、苕子三类干草粗蛋质白质含量较高，分别为16.5%、14.3%、21.3%。燕麦、大麦、黑麦三类干草粗蛋白含量较低，分别为8%、9.3%、9.6%。野干草中粗蛋白质含量可达11.3%。一般豆科干草含钙量多于禾本科干草，苜蓿干草含钙量1.18%～1.68%，而禾本科干草含钙量只有0.72%。

经过人工调制的干草，营养物质损失少，适口性好。品质优良的干草除能满足牛维持营养需要外，还能提供一定的增重需要。用优良干草进行肥育时，不喂精料仍能获得较高的日增重，肥育效果很好。

青干草成本较高，饲喂肥育牛的方法为：①豆科青干草(如苜蓿)粉碎成草粉与精料混合后饲喂，以提高利用效率，减少损失，并能起到营养物质互补作用。②禾本科干草(如青干燕麦、青干大麦等)铡短后与秸秆类饲料混合饲用。③秸秆碾青。为了调制青干草加快其干燥(如苜蓿)，减少营养损失，可在麦场上铺0.3米厚的麦秸，铺上0.3米厚的青苜蓿草，再铺0.3米厚的麦草，用碾子碾压，青苜蓿压扁流出的汁液，被麦草吸收。晴朗天气1天就可使青苜蓿干透，然后将两种干草混合垛起来，铡短饲用肥育牛。

8. 糟渣类饲料 制糖工业、酿造工业、淀粉工业的副产品称为糟渣类饲料。如甜菜渣、淀粉渣、豆腐渣、啤酒糟、酒糟等。这些糟渣类饲料可以就地取材，价格低廉，是肥育牛的重要饲料来源，肥育成本低。这类饲料总的特点虽体积大，含水分多，不易运输和贮存，易发酵和腐败，但新鲜时适口性强、易消化并有一定轻泻作用。不宜单独饲用于肥育肉牛。

(1)淀粉渣 指用红薯、马铃薯及谷类为原料，制造淀粉剩下的残渣。其中主要含有残留淀粉、粗纤维、粗蛋白质等，几乎不含胡萝卜素、维生素D及B族维生素。用鲜粉渣喂肉牛每日每头可喂到30千克，干粉渣可喂到3.5千克。喂量由少到多，必须搭配其他优质饲料，严防单一饲喂。

(2)豆腐渣 大豆制作豆腐的副产品。鲜豆腐渣含粗蛋白质4.7%，干豆腐渣含粗蛋白质25%，但缺少维生素。用豆腐渣喂肉牛，消化率相当高，喂时要与其他饲料混合。豆腐渣易酸败，宜鲜喂，喂量不宜多，以免腹泻。

(3)甜菜渣 是甜菜制糖的副产品，体积大，柔软多汁，适口性强，有轻泻作用。主要的营养成分是可溶性无氮浸出物，蛋白质和脂肪含量少。鲜甜菜渣饲喂肥育牛，初期每日每头40～50千克，以后逐渐增加至70～80千克，肥育期末减为50～55千克。喂干甜菜渣时，应在喂前6～10小时用5倍的水将其浸泡湿润后再喂。不能单一饲喂，与苜蓿干草一块饲喂最为理想。

(4)啤酒糟 是酿造啤酒后的副产品。鲜啤酒糟含水量在75%以上，干燥后含粗蛋白质约25%，粗脂肪、粗纤维含量高，可溶性无氮浸出物约40%以上，非常适宜肥育牛。用干啤酒糟可以代替1/3的精料。体重350～400千克肥育牛，每日可喂鲜啤酒糟60～70千克，体重轻些的牛可喂40～50千克，也不宜单一饲喂。

(5)酒糟 生产白酒后的副产品，因原料不同，其营养价值也不同。酿酒过程中淀粉经过发酵、蒸馏，变成酒精，酒糟中残留一部分淀粉外，含粗蛋白质相对较高。粮谷酒糟干物质中含粗蛋白质20%～25%，B族维生素较丰富，几乎不含胡萝卜素和维生素D，缺乏钙，因此必须与优质饲料搭配饲喂。用鲜酒糟肥育肉牛较为经济，每日每头可喂40～50千克，大型成年牛，每日每头可喂80～100千克。

9. 尿素 尿素是一种氨化物，含氮量很高，纯尿素含有46%的氮，饲料尿素通常加入其他成分以防止结块，含氮量在42%～45%。1千克尿素相当于2.6～2.8千克粗蛋白质含氮量，相当于7～8千克饼粕或26～28千克禾本科子实的含氮量。反刍动物（牛、羊、骆驼等）可以利用尿素，用尿素可以代替部分蛋白质饲料，降低成本，尿素在肥育牛生产中有广阔的前景。用尿素取代牛的部分蛋白质饲料，经济效益十分明显，但使用要科学、合理、安全。

首先要了解影响牛利用尿素效果的因素：

第一，饲用尿素同时要补充能量饲料，能量饲料（如玉米）给量相当于尿素给量的7倍以上。

第二，日粮中蛋白质含量不超过10%～12%情况下饲用尿素才能发挥作用，若日粮中蛋白质水平很高，饲用尿素不但造成浪费，甚至引起尿素中毒。

第三，尿素喂量不超过肉牛蛋白质需要量的20%～35%。也就是说尿素不能全部代替蛋白质饲料，喂量要适宜，才能发挥作用。

第四，补充硫元素。因瘤胃微生物合成的菌体蛋白质内含硫氨基酸含量高，因此硫元素不能缺乏。在喂尿素的同时补充硫，对微生物菌体蛋白含硫氨基酸合成有利。适宜的硫：氮＝1：13～15。

其次，牛喂尿素应注意安全，严防尿素中毒。尿素使用方法如下。

第一，由于尿素在瘤胃内水解的速度是微生物利用速度的4倍，所以应该严格控制尿素的喂量，喂量一般不能超过精料的3%

或饲料干物质的1%，不能超过日粮中总氮量的1/4～1/3，或按牛体重，每100千克投喂20～30克。将尿素与精料混合均匀，为防止结块，尿素须粉碎。

第二，玉米青贮中添加尿素0.5%，总蛋白质可达10%～12%；制作青贮时将尿素溶化后喷洒或直接撒开，边青贮边撒；或每天在干草中喷洒含40克尿素的糖蜜混合液，可提高采食量40%，有明显增重效果。

第三，尿素不能单独饲喂，也不能溶于水中让牛饮，饲料中尿素要充分混合均匀，最好不要将尿素和豆类饲料混喂。

第四，哺乳期犊牛瘤胃发育和瘤胃功能尚不健全，不宜饲喂尿素。

第五，牛饲用尿素饲料要有一个适应过程，日用量应由少渐多，使牛的消化道微生物慢慢适应，一般需要2～3周过渡期。

第六，尿素秸秆。将稻草、麦秸等秸秆铡短，按秸秆重量0.5%～1%的尿素溶化水中，把尿素溶液喷洒在秸秆上，再充分混合喂牛。

第七，尿素糊化淀粉。将大米、玉米、高粱、小米、面粉、薯粉等淀粉类饲料与尿素混合，在一定的温度、湿度和压力下使其糊化。此处理可使尿素在瘤胃内慢慢释放氮，提高尿素利用效率。

（三）饲料的加工调制

1. 粗饲料的加工调制　粗饲料包括各类农作物秸秆、青干草、青草和青贮饲料。它们的特点是体积容量大，粗纤维含量高达35%～60%，难以消化。但粗饲料不仅是牛的重要营养来源（尤其是能量），而且能够改变瘤胃发酵类型，进而影响牛的产肉、产奶性能和体质健康。粗饲料在牛消化道内，起着填充容积的作用，使牛有饱腹感。粗纤维能够刺激唾液分泌、缓冲瘤胃液，使瘤胃pH值保持6.5～7.5，有利于瘤胃发酵，还可刺激胃肠道的蠕动，调节排泄作用。以优质粗饲料肥育肉牛，是降低饲养成本、提高经济效益的重要途径。

一般粗饲料占日粮比例60%以上为高粗料型日粮，占35%～40%为高精料型日粮。我国农村肥育肉牛在优良草场尤其是夏秋季节放牧，或半放牧半舍饲肥育时最为经济。舍饲肥育以高粗料型日粮为主，可以节约粮食，降低成本，符合国情。舍饲肥育日粮粗饲料比例占80%～85%，粗饲料质量较好时可达90%。如果要求高日增重，在短期强度肥育的情况下，日粮粗饲料比例就要降低，粗、精料的比例为70∶30，甚至60∶40。如此大量的粗饲料需进行加工调制后饲喂肉牛，以降低采食能量消耗、提高粗饲料消化率、适口性和采食量。

(1)干草的晒制　将天然或人工牧草、野青草晒制成干草，以利于贮存，满足冬春季节粗饲料的供应。青草应适时收割以兼顾产草量和营养价值。收割时间过早，营养价值虽然高，但产量低；收割过晚，营养价值降低。收割时要避开阴雨天，避免晒制过程中营养物质损失。青草割倒后，在地上晒1～2天，使青草内水分迅速减少到40%左右，然后采用小堆晒法，把草堆成高1米、直径1.5米的小垛，晾晒4～5天，待水分降至15%～17%时，再堆于草棚内以大垛贮存。

晒制过程中营养物质的损失是不可避免的。但为了使损失减少到最低，除了要适时刈割外，在翻草、搬运、堆垛过程中，要尽可能避免嫩叶破碎脱落，尤其是豆科牧草。雨淋也会使营养物质大量损失，尽量选择晴朗天气割草，并尽快晾晒后，堆成大垛贮存。

(2)青贮　青贮饲料是经过发酵以后的青饲料，其品质的优良与否，取决于制作的各环节。制作优良的青贮保存了原料80%以上的营养物质，适口性好，是肉牛良好的粗饲料。

①青贮前的准备工作：青贮前要对青贮窖、塔等设施进行全面检查，对漏水、漏气等裂缝进行修补，并将设施内的其他残留物

清理干净，有条件的还应对青贮设施进行清洗消毒。对青贮机械进行全面检修，并备足易损部件进行试车。此外，要准备好足够的无毒塑料薄膜，以保证工作顺利进行。疏通窖、塔等青贮设施的排水道，以利于青贮过程中挤压出的汁液排出畅通。组织好人员，对收割、拉运、铡草、装窖、踩压各环节合理配置人员并明确责任，做到忙而不乱，集中人力短期内完成青贮工作。如果青贮原料不够，需要购买应提前做好准备，按时将原料运输到贮草地点以免影响速度。

②青贮步骤及技术要求

运输：青贮饲料收割后，要及时运到青贮现场，严防积压过多，发热变质。装贮量与拉运量基本保持平衡，避免在青贮场地大量堆积，以防遇到阴雨天发生霉烂变质，做到当时收割当时贮完。为防止青贮设施底部的青贮料发霉变质，在装料前应在窖或塔的底部铺一层清洁干草，如果是土窖应在底部和四壁铺塑料薄膜。

切短：青贮原料切碎的程度应随原料的性状不同而不同，一般以细短为宜，切得越细、越短，越有利于草料的压实，也有利于原料本身汁液的渗出，从而将原料表面润湿，以利于乳酸菌的迅速繁殖和发酵。玉米、高粱、向日葵等秸秆较粗硬，要切碎成 2～3 厘米；多汁瓜类及块根块茎类也要切碎，切忌整贮。为了保证牲畜健康，装窖时要仔细检查，严防金属类及其他硬物混入，为了使铡草机械正常工作，在铡草进料时，进料不宜过多，要根据机械的工作性能、工作量进料，以免超负荷造成人为的机械损坏而影响进度。

压实：装贮时要注意原料每装 10 厘米厚就要将青贮设施的四周及拐角踩实，大型青贮窖可用拖拉机来回镇压，还要有专人踩踏以排除四角及四边缝隙间的存留空气。在装贮过程中，如果原料偏干（含水量在 60％以下），还应适当加洒清水，禾本科与豆科饲料混贮时，还要注意掺合均匀。

窖装满后，顶部必须装成弓形（圆窖装成馒头形），以防因饲料下沉造成凹陷开裂使雨水流入窖内。

封窖:封窖方法是塑料薄膜封顶,即用 0.125 毫米无毒塑料薄膜将窖口盖严封好,密封后在薄膜上盖一层土踏实,土厚要在 50 厘米左右。如果没有塑料薄膜,可以将铡短的干麦草盖在青贮料上边,大约 10 厘米厚,摊平四边,盖严,在干麦草上再压上土,土层厚达到 50 厘米以上,盖土后也要踏实防止漏气。

取用:在封窖 30～40 天后即可开窖饲用。开窖后取料多少应视饲喂量而定,用多少取多少,取后仍将窖口盖严,压实,以防开窖后空气进入造成青贮料霉烂变质。开窖口后应将上边霉烂变质部分取出,然后取出好的饲喂。有条件的还可在窖口搭一活动凉棚以防日晒雨淋,造成青贮料的变质和浪费。

③青贮饲料品质鉴定:青贮饲料品质的优劣与青贮原料种类、收割时期以及青贮技术等有密切关系。通过检查青贮料品质,可了解青贮技术是否正确,判断青贮料的营养价值高低。

青贮料品质鉴定最常用的方法是感官鉴定,根据青贮料的颜色、气味、口味、质地、结构等指标,通过感官评定其品质好坏。青贮料品质感官鉴定标准见表 2-3。

表 2-3　青贮料品质感官鉴定标准

等级	颜色	酸味	气味	质地
上	黄绿色	酸味较浓	芳香味	柔软、稍湿润
中	黄褐色或墨绿色	酸味中等或较淡	芳香稍有酒味或酸味	柔软稍干或水分较多
下	黑色、褐色	酸味很浓	臭味	干燥松散或结块

此外还有实验室鉴定法:包括青贮料的酸碱度(pH),各种有机酸的含量、营养物质含量变化及营养价值等,以测定 pH 值和有机酸含量较常用。

(3)氨化　秸秆经过氨化后,提高有机物消化率和粗蛋白质含量,改善适口性,提高采食量和饲料转化率,防止饲料霉变。

制作氨化秸秆首先根据选用氨源计算出合理用量。一般情况下,氨的用量占秸秆干物质的 3%为宜。每 100 千克秸秆需 5.4 千克尿素;无水氨,每 100 千克秸秆则需 3 千克即可。若氨水含氮量 15%时,每 100 千克秸秆需 16.5 千克(含氮 15%)的碳铵。其次掌握好温度。氨化效果随温度提高而提高,温度在 5℃～15℃时经 4～8 周氨化成熟,15℃～28℃时需 1～4 周,30℃时则 1 周时间便可氨化成熟。氨处理秸秆具有简单易行,所需劳力少,成本低,可就地取材,其设备简便等特点在农区或半农半牧区可推广应用。氨化的方法有堆垛法、塑料袋法、窖贮法、罐贮法等。无水氨(液氮)氨化一般采用堆垛法。先用塑料布放在秸秆垛底层,再用大于垛的塑料布整垛密封,估算重量,按比例加入液氨。用管道注氨后,立即封口。目前在国内应用这种方法尚不多,主要是用尿素或氨水作氨源采取窖贮法氨化秸秆。

①修建氮化窖(池):窖(池)选择在平坦开阔,高燥向阳,排水性能良好,便于饲喂的地方修建。因地制宜可用水泥、石砌窖,干旱少雨地区可用土窖,窖深一般 1～1.5 米,也可建半地下式,其大小根据家畜(牛羊)多少决定。形状有圆形、长方形、四方形等。主要根据建窖的地形来决定,但总的要求窖(池)壁光滑平整,不漏气,不漏水,便于清洁密封。

②秸秆原料及氨水(尿素)的准备:氨化麦秸每立方米容量 120 千克左右,根据所需秸秆用量计算出氨化窖(池)的容积。玉米秸可粉碎,麦秸、稻草则需铡短至 2～3 厘米。氨水(含氢氧化铵 13%以上)需测知其含量后,再根据秸秆贮量计算出氨水的用量。尿素按每切短 500～1 000 千克秸秆加入秸秆干物质量的 5%～7%,碳铵则为 10%～15%。

③装窖,注氨、密封:用氨水氨化秸秆时,先装满粉碎或铡短

的秸秆于窖(池)内,窖口覆盖塑料薄膜,留出上风口侧的注氨口,其余周边用土封严,然后注氨水。先准备好注氨管或桶,操作人员要佩戴防护口罩,站在上风口侧进行操作,切忌进入窖内。注氨完毕,立即密封窖口,经过一定反应时间方可开窖。

用尿素氨化秸秆时按100千克秸秆加4～6千克尿素量计算尿素用量。然后按15%～22%(100千克草加15～22升水量)加水,加入热气(40℃左右)将尿素完全溶解后均匀喷洒在秸秆上,充分搅拌、踩实。然后再装入铡短的秸秆,喷洒尿素溶液,直至窖满。最后窖口封塑料薄膜,覆盖土层,压实,经过一段时间反应方可开窖。

④开窖、放氨、饲用:无论尿素氨化或氨水氨化,夏季气温高时1周时间即可氨化成熟。15℃时氨化时间约2周时间,5℃～15℃时约3周时间。氨化成熟后选择晴朗天气开窖。先扒开窖口,使多余氨气放出,并进行质量检查。放氨晾晒时间切忌过长,以防氨的损失。取出1天的用量,放氨后第二天饲喂。如果需要利用窖继续氨化,且氨化处理后的秸秆一时喂不完时,可以全部取出稍放氨后,重新堆放在草棚内,并用塑料布覆盖,防止漏雨、发霉。饲喂氨化秸秆时由少到多,训练采食1周之后就可习惯喜食。

⑤氨化秸秆的品质评定:经过氨化处理的秸秆成熟后,即可开垛(窖)启用。晒干,待剩余氨气味挥发后饲用,但在饲喂之前要经过品质评定,常用感观和化学分析法。处理良好的秸秆,色泽褐黄色,气味糊香味,质地柔软,不结块,松散。质量低劣的氨化秸秆,霉变的色泽灰黑或灰白,气味发臭而刺鼻,结块,严禁饲用。

2. 精饲料的加工调制　肉牛常用的精饲料有谷物类、豆类、饼粕类和糠麸类等。精饲料经一定的加工调制可提高营养价值、适口性和消化率。

精饲料的主要加工方法有粉碎、浸泡和蒸煮等。

①粉碎:粉碎是常用的最简单的方式,谷物子实和饼块料均

需粉碎。适当的粉碎可以提高饲料的消化率。但粉碎过细时，适口性下降，采食量减少，唾液不能与精料充分混合，会妨碍消化。一般玉米粉碎成1/4大小、高粱和大麦压偏即可。

②浸泡：对一些坚硬子实及饼块，浸泡可软化或溶去饲料中的一些有毒物质，减轻饲料异味，提高饲料适口性，有利于咀嚼。用水量依浸泡目的不同而异，用于减轻异味，可用热水浸泡；用于软化，料水比一般为1∶1～1.5；用于脱毒，料水比1∶2.5。浸泡时间因温度和饲料种类不同而异，以不引起精料变质为宜。夏天应注意浸泡精料及时喂完，保证不变质。

③蒸煮：豆类经过蒸煮可以破坏大豆中的抗胰蛋白酶，从而提高其适口性、消化率和营养价值。蒸煮后再炒，能彻底将抗胰蛋白酶灭活，使消化吸收率达到最佳。

④发芽：禾谷类子实饲料大多缺乏维生素，经发芽后可成为良好的维生素补充饲料。发芽的方法较为简单，即将子实用15℃的温水或冷水浸泡12～14小时后摊放在木盘或细筛内，厚约3～5厘米，上盖麻袋或草席，经常喷洒清水，保持湿润。发芽室内的温度应控制在20℃～25℃。发芽所需时间视室温高低和需要的芽长而定。一般经过5～8天即可发芽。发芽饲料(大麦、青稞、燕麦和谷子等)的喂量，成年种公牛每日每头100～150克，犊牛和肥育牛可酌减。妊娠母牛在临产前不宜饲喂发芽饲料，否则会引起流产。

⑤糖化：精饲料的糖化处理，就是利用禾谷类子实中淀粉酶的作用，把饲料中一部分淀粉转化为麦芽糖，以提高饲料的适口性。方法是，在粉碎的子实饲料中加入2.5倍的热水，搅拌均匀，放在55℃～60℃的温度下，使酶发生作用。4小时后，即可使饲料中含糖量增加至8%～12%。如果加入2%的麦芽，糖化作用更快。

⑥制粒：饲料的颗粒化就是将饲料粉碎后，根据牛的营养需

要，按一定比例搭配，并充分混合，用饲料颗粒机加工成一定的颗粒形状。颗粒饲料属全价配合饲料的一种，可以直接用来喂牛。颗粒饲料能充分利用饲料资源，减少饲料浪费，避免运输过程中不同比重原料的分级现象，特别是微量元素的分级，从而增加了饲料的安全性，饲喂比较方便，适合集约化饲养。颗粒饲料可改善饲料的适口性（屏蔽不良味觉），增加采食量。颗粒饲料挤压过程中瞬间高温作用可延长咀嚼时间，有利于消化。颗粒饲料一般为圆柱形，喂牛时以直径4～5毫米、长10～15毫米为宜。

（四）日粮配制原则

牛在1昼夜内所采食的各种饲草饲料的总量称为日粮。日粮中由数种饲草饲料按不同的比例构成，而且营养物质的种类、数量及其相互比例都能完全满足牛对各种营养物质的需要。配制肉牛日粮时，应遵循以下原则。

1. 确定符合实际的标准 参照《肉牛饲养标准》，结合牛的品种（纯种、杂种肉牛）、年龄、性别、生长阶段、体重和肥育期增重要求等；同时，还要结合养牛场、专业户的生产条件和生产水平，灵活运用。

2. 考虑牛的消化生理特性 牛是草食家畜，可以大量利用粗饲料，来满足消化道容积的需要，使之采食后有饱腹感。通常牛每日采食干物质量占体重的1.5%～3.5%。随粗饲料特性、牛的年龄、体况、生产性能高低而有变化。另外，瘤胃能利用尿素合成菌体蛋白加以利用，因此可合理使用尿素，降低蛋白质饲料的用量。

3. 要以粗饲料（饲草）为牛的基础日粮 粗饲料来源广泛，价格低廉，含较多的粗纤维，既符合牛的消化生理需要，又能提供一定能量及各类营养物质。不能满足的营养部分，再选用精饲料补足。也就是说肉牛日粮组成应以粗饲料为主，以精饲料为辅，精粗饲料适当搭配。成年牛日粮中粗纤维的含量应占干物质的15%～20%为宜，幼龄牛日粮粗纤维含量适当降低。成年牛每 100 千克体重可供给干草 1.5～2.5 千克，每 3～4 千克的青贮料或 4～5 千克块根块茎可以代替 1 千克的干草。

4. 选用的饲草饲料要符合经济原则，就地取材　肉牛生产为商品生产，尽量选用当地资源，营养丰富且价格低廉的饲草饲料配制日粮，以降低生产成本，提高经济效益。肉牛场(户)尽量做到粗饲料自己生产供应，精饲料少购甚至不购。因此，要有一定的饲草饲料基地。

5. 配制日粮选用的草料要求新鲜、清洁、适口性强、容易消化　力求多样化，营养全面。粗饲料和精饲料最好各有 3 种以上，精料中禾本科与豆科子实按比例搭配。粗饲料中青贮料、青干草、秸秆、青草等按比例搭配。骨粉、食盐不可缺少，要预先和精料搅拌均匀，最后再混入常规日粮中。必要时还要考虑微量元素和维生素的补充。

6. 配制全价日粮(平衡日粮)力求达到《饲料标准》中规定的数量　饲养标准要灵活运用，根据每个地区，每一牛群具体情况来配制的日粮基本上符合《肉牛饲养标准》就可以，一般认为，能量在标准的±5%，蛋白质在标准的±5%～10%，钙、磷比例在 1.3～2∶1 的情况下都可以使用。任何单一的饲草饲料很难完全满足牛的营养需要，如秸秆类粗饲料中粗纤维的含量高，虽能符合牛的消化生理要求，但总营养价值较低，尤其是粗蛋白质含量很低，且缺乏维生素。即使同为秸秆饲料，豆科秸秆含粗蛋白质较高(6.8%～11.9%)，而禾本科秸秆含粗蛋白极少(3.2%～6.8%)。又如精饲料，虽营养物质浓度大，含能量高，但容积小，粗纤维含量很低。精饲料中禾本科子实中淀粉等无氮浸出物含量高(60%～80%)，易消化，但蛋白质含量低(9%～12%)；豆科子实则相反，粗蛋白质含量高(20%～40%)，但无氮浸出物较少(28%～62%)，难以消化。由此可见，日粮中只有精、粗饲料适当搭配，几种饲草饲料互相配合，起到各类营养物质互补作用，达到平衡才能满足牛的营养需要。另外，牛长期饲喂单一的饲草饲料，对胃肠道刺激单调，消化反射单调，消化功能减弱招致消化不良，从而降低牛的食欲，影响采食量。

所以，肉牛日粮中粗饲料应由 2～3 种饲草构成，而精饲料应由 3～4 种构成，同时还要考虑禾本科与豆科饲草适当搭配，做到日粮平衡，充分发挥牛的增重潜力。

思考题

1. 什么是肉牛的补偿生长？
2. 母牛发情鉴定有哪几种方法？
3. 什么是同期发情？
4. 如何计算肉牛预产期？
5. 什么是反刍？
6. 粗饲料加工方法有哪几种？精饲料的加工方法主要有哪些？

第三章　基础母牛的饲养管理

成年母牛按生理阶段分为空怀母牛、妊娠母牛、围产期母牛、哺乳母牛。各阶段生理表现和营养需要不同，因此必须采取不同的饲养管理方法。

一、空怀母牛的饲养管理

(一)饲喂要求

空怀母牛的饲养目标主要是保证牛只健康、恢复和蓄积体力，为进入下一个生产周期作准备，以达到提高受配率、受胎率的目的。基础母牛在空怀阶段要充分利用粗饲料，降低饲养成本，保证母牛具有中上等膘情即可。在实践中，倘若精料喂量过多，而运动不足，易使牛过肥，造成不发情；但在饲料缺乏、营养不全，母牛瘦弱的情况下，也会造成母牛不发情而影响繁殖率。实践证明，如果母牛前一个哺乳期内给以足够的平衡日粮，管理周到，能提高母牛的受胎率。瘦弱母牛配种前1～2个月，加强饲养，适当补饲精料，也能提高受胎率。空怀母牛的饲养以粗饲料为主，对膘情差、瘦弱的母牛补充1.5千克的精混料。

(二)管理要求

母牛产后3～7周就应该有发情表现，如果超过90天仍不见发情，或发情而配种不受胎，应及时采取措施。对空怀母牛进行发情鉴定是重要工作之一。

母牛出现空怀，应根据不同情况加以处理。母牛空怀主要有先天和后天两方面的原因。先天不孕一般是由于母牛生殖器官发育异常，如子宫颈位置不正、阴道狭窄、幼稚病、异性孪生的母犊和两性畸形等，先天性不孕的情况较少，在生产中对这些牛要严格淘汰。后天性不孕主要是由于营养缺乏、饲养管理及生殖器官疾病所致。成年母牛因饲养管理不当造成不孕，在恢复正常营养水平后，大多能够自愈。

空怀母牛处于不同季节或不同的生产组织形式下主要有放牧、舍饲和放牧＋舍饲三种饲养管理方式。

1. 放牧　夏秋两季，牧草生长茂盛，营养价值也高，是牛复膘和增膘的好季节，这个阶段是采取放牧饲养的最佳时间。既可以节省饲料，节省人力和设备，降低饲养成本，又由于母牛行走觅食，运动量增大，使母牛得到充分的锻炼从而增强了体质，对提高牛的受配率和受胎率有好处。此时应在固定的草场、草坡建立临时牛圈，组织牛群进行放牧。放牧地距离牛圈最远不超过 3 千米，在放牧地应准备临时牛圈。建圈要避开水道、悬崖边、悬崖下、低洼地、坡顶和雷击区，以免雷雨天发生意外；圈内有 3%～5%坡度，以便于排水，减少雨天泥泞，让牛能卧下休息。牛是厌热喜凉的动物，气温超过 30℃就会使牛食欲、消化能力和对疾病的抵抗能力下降。所以，在炎热的夏季，应采取早出晚归，中午休息的放牧制度。在晴天中午前后，把牛赶在树荫处、树林里休息，以免中暑。有条件的地方，可以采取昼夜放牧，加强采食量，效果更好。在放牧时一定要保证充足的饮水。放牧的牛要补喂食盐，并根据当地矿物质元素缺乏情况，添加到食盐中一起补饲。夏初正值放牧牛的配种季节，注意观察牛发情，适时配种。

秋季气温逐渐降低，日照由长变短，牛的食欲猛增，要充分利用这个时期抓好秋膘。一方面促进空怀母牛发情配种，保证妊娠牛越冬的膘情贮备；另一方面对于仍然未发情配种的牛，进行繁殖疾病检查，发现病牛，及时进行肥育出售。

2. 放牧＋补饲 北方冬季气温较低，风大，且枯草营养价值低，放牧行走路程增加会使牛的维持需要加大。放牧难以满足牛的营养需要，此时牛体开始通过降低体重来维持生命，出现掉膘现象。因此，对于空怀牛来讲，最好采取放牧＋补饲的方式饲养。冬季放牧，要在较暖的阳坡、平地和谷地放牧。要晚出早归，晚间补喂秸秆和干草。在深冬较冷的时候，应在夜间补饲精料 1 千克。遇严寒、大风和下雪天，应停止放牧，进行舍饲，以免造成牛只冻伤或走失等不必要的损失。冬季牛长期吃不到青草，胡萝卜素和维生素 A 缺乏，对牛的健康不利。有条件的地方可以每天每头喂给 0.5～1 千克的胡萝卜，或 0.5 千克的苜蓿干草，或 2 千克优质干草。放牧回来不能马上补饲，待休息 3～5 小时后再补给。

3. 舍饲 在一些大型肉牛养殖场和农区一般实行全舍饲养殖。在牧区和半农半牧区一般在春季实施全舍饲。春季正是牛膘情最差的季节，也是牧草刚刚返青，不能过度利用的时候，同时目前全国牧场普遍执行季节性休牧和禁牧。因此，必须实行全舍饲的饲养方式。舍饲能够做到按照人的意志，科学、合理地调节草料种类和数量，执行饲养方案，使牛群生长发育均匀；便于创造适宜的环境，抵御恶劣的自然因素对牛不利的影响；可减少牛行走的营养消耗，夏秋季节割草饲喂较直接放牧减少 40％以上的草地损耗；舍饲也易于实现机械化，提高效率。但舍饲投资大，费工费时，牛缺乏运动而体质下降，使发病率提高。舍饲分为拴系饲养和散放式饲养。

（1）拴系饲养 适合大型养殖场或活动场较小的家庭牧场。空怀牛上槽后拴在饲槽喂养，下槽饮水之后拴在户外休息。这种方式由于严重缺乏运动，影响牛的体质和繁殖等；有的在下槽后放在运动场，自由饮水，使每头牛拥有 10 平方米以上的运动场。拴系饲养日喂 2～3 次，每日总饲喂时间少于 6～7 小时。按牛的不同状况定量喂给配合饲料、块根、块茎和渣糟类饲料，青绿饲草、青贮和青干草等不限量。舍饲的牛槽有统槽和单槽。统槽饲喂可利用相邻牛互相抢食的特点而增加采食量,但在饲喂精料时会使胆小的牛吃不到应有的量,造成生长发育不均匀,影响发情率。通过合理定槽解决,定期调群将胆小和体弱牛集中在一起。精料占日粮10%以下时,采用先粗后精或多次少量拌入粗料中引诱牛多吃粗料;精料较多时,采用先精后粗,以免下槽时剩料过多造成浪费。粗料采取少喂勤添的方式,以免浪费大。

(2)散放式饲养　对于空怀母牛根据其生理状况和用途,目前多采取散放式的饲养模式。母牛散养在圈内,背风处设简单牛棚。牛围栏杆上设带顶棚的草架、饲槽和水槽,经常保持充足的粗料和饮水,让牛自由采食。每天集中补料、矿物质和其他辅料1～2次。这种方式省人工,便于实行机械化。由于牛的竞食和采食时间充足、饮水方便使牛获得最大的干物质采食量。但体弱牛和胆小的牛因吃不到应有的份额而影响牛群的整齐度,所以必须及时调整牛群。

舍饲时必须注意发霉、腐败、变质和冰冻草料不可喂牛。多种粗料混合饲喂,以达到营养互补,增加饲喂效果。秸秆类粗料可进行氨化,提高其粗蛋白质含量和采食量。注意补充维生素A和蛋白质。从干草或秸秆日粮转为青草日粮时,应采取逐日增加青草喂量,经7天左右才全部改为青草的办法,避免牛瘤胃臌胀、腹泻、消化失调等疾病。青草刈割后堆放厚度不超过15厘米,以免发热腐败。多余青草晾制干草,过冬备用。不得饲喂喷施硝酸铵或农药未过7天的田间野草,以免中毒,可晒干后留到冬春饲喂。注意清除出饲草中的塑膜、铁钉、金属丝、石块、玻璃碴和毒草等杂物。每采食1千克粗料需饮水4～5升,才能保证采食和消化正常。冬天饮水温度不得低于20℃。拴系饲养时,缰绳不得过长,以免缰绳缠绕造成事故。

二、妊娠母牛的饲养管理

妊娠是指精子和卵子结合形成胚胎，经过一系列的细胞分裂和生长形成胎儿，胎儿发育成熟后与其附属膜共同排出母体前的整个生理过程。处于妊娠期的母牛称作妊娠母牛。

（一）饲喂要求

妊娠期母牛的营养需要和胎儿生长有直接关系。按妊娠母牛的生长特点，分初胎及 2 胎母牛，与成年母牛生理的不同，饲喂要求不同。初胎及 2 胎妊娠母牛虽然达到繁殖年龄（1.5 岁以上），但本身仍在生长发育。因此，妊娠后由于生长发育要求，不仅本身需要营养，而且还要满足胎儿生长发育的营养，并为产后泌乳进行一定的营养贮备。因此，初胎及 2 胎妊娠母牛饲养标准要比成年妊娠母牛分别增加 20％和 10％才能满足其营养需要。成年母牛（2 胎以上）一般在产后 2～3 个月发情配种，孕育下一胎。因此，成年母牛的饲养要满足其维持、增重、泌乳及胎儿生长发育所需的营养物质。供给的营养物质不足，母牛就会动用体内的贮备物质，造成掉膘，影响胎儿发育和产后泌乳。如果考虑整个妊娠期胎儿的生长发育和母牛的生理需要，不同阶段应给予不同的饲喂标准。胎儿增重主要在妊娠的最后 3 个月，此期的增重占犊牛初生重的 70％～80％，需要从母体吸收大量营养。妊娠期胎儿生长发育不良，出生后难以补偿，增加饲养成本。妊娠前 6 个月胚胎生长发育较慢，饲养标准与空怀期相同，保持中上等膘情即可。至母牛分娩前，体重至少要增加 45～70 千克，才足以保证产犊后的正常泌乳与发情。

(二)管理要求

母牛繁殖率的高低直接影响肉牛业的生产效益,妊娠期母牛饲养管理的好坏直接影响牛群繁殖成活率,因此妊娠期母牛的饲养管理极为关键。总体上应注意以下几个方面。

第一,妊娠后期应做好保胎工作,无论放牧或舍饲,都要防止挤撞、猛跑。产前注意观察,保证安全分娩。在饲料条件较好时,避免过肥和运动不足。充足的运动可增强母牛体质,促进胎儿生长发育,并可防止难产。

第二,纯种肉用品种牛难产率较高,尤其是初产母牛,需做好助产工作。

第三,临近产期的母牛应停止放牧,给予营养丰富、品质优良、易于消化的饲料。产前 15 天,最好将母牛移入产房,由专人饲养和看护,发现临产征兆,准备接产工作。

第四,舍饲条件下,在精料和多汁饲料较少(占日粮干物质 10%以下)的情况下,可采用先粗后精的顺序饲喂,即先喂粗料,待牛吃半饱后,在粗料中拌入部分精料或多汁料碎块,引诱牛多采食,最后把余下的精料全部投饲,吃净后下槽;若精料量较多,可按先精后粗的顺序饲喂。

第五,妊娠期保证胎儿正常生长发育、防止流产是重要的管理工作。在保证妊娠母牛体质健康的前提下,要尽量避免由于拥挤、滑倒、摔伤及殴打等原因导致流产。圈舍要搞好卫生和防疫工作,切断如布鲁氏菌病等传染性疾病传播途径,杜绝由此引起的死胎和流产。

第六,妊娠母牛要单独饲养,不要与其他牛混牧、混养,以防挤撞、顶架或乱配而引起流产。

1. 放牧 利用草地放牧妊娠母牛,可降低饲养成本,但在营养上要注意是否满足。一般在夏秋两季组织妊娠母牛放牧,早晨尽量早出牧，中午必须安排舍内或树荫下休息，晚上可以晚归牧。有条件的地方可以组织夜间放牧，但要注意安全。

2. 放牧＋补饲　晚秋和冬季可以组织放牧＋补饲的饲养形式，此阶段牧草含纤维素高、质量差，可造成妊娠母牛能量、蛋白质及矿物质不足，所以在放牧的同时，还需要适当补饲，采取“少喂料、多喂草、多走路”的饲养方法，使妊娠母牛保持中等膘情。此形式主要原则是晚出牧、早收牧、多补饲、风雪天不出牧。除在舍内补饲精饲料外，还要补饲一定量的干草，使妊娠母牛保持一定的增重。不带犊哺乳的母牛，妊娠期总增重要达到45～70千克，为产后哺乳和发情配种贮备营养。但不宜过肥，以免影响分娩或造成难产。补饲精饲料1.5千克(玉米、豆饼、小麦麸各0.5千克，另加食盐)。对进入妊娠后期的母牛要做好补饲。特别要注意补充胡萝卜，每日每头喂量1千克。无胡萝卜时，在精饲料中添加维生素A。精饲料日喂量0.8～1.1千克。在缺乏饼粕或植物性蛋白质饲料时可补充尿素，每日每头喂量50～80克，按尿素饲喂原则喂给。

3. 舍饲　在春季牧草返青季节，必须执行季节性休牧制度，此时实施舍饲饲养。

养牛户和经营者不但要有肉牛饲养、繁殖等畜牧科学知识，还应对市场、饲养成本等进行调查和把握。妊娠母牛饲养的产品是犊牛，犊牛饲养至断奶甚至达1岁后出售才有收益，资金周转缓慢。因此，舍饲妊娠母牛，不能过多饲喂精饲料，要以粗饲料为主，科学配制日粮。妊娠母牛的粗饲料由麦秸、稻草和玉米秸等组成时，蛋白质含量低，缺乏维生素A。因此，要用精饲料补足。混合精饲料参考配方为：玉米50%，糠麸10%，饼粕30%，高粱7%，石灰石粉或贝壳粉2%，食盐1%。每千克混合精饲料中加入维生素A添加剂1万单位。精饲料喂量为妊娠1～6个月每日每头0.75～0.85千克，6个月以后饲喂1～1.5千克。妊娠母牛的粗饲料由青刈牧草、青贮饲料(不包括豆科牧草)组成时,要适当补充能量及蛋白质饲料。混合精饲料参考配方为:玉米68%,糠麸10%,饼粕5%,高粱14%,石灰石粉或贝壳粉2%,食盐1%。精饲料日喂量为妊娠6个月以后喂0.5~1.5千克。饲喂豆科牧草,如苜蓿、紫云英、三叶草等的青草或干草时,精饲料中不必添加饼粕、尿素等蛋白质丰富的饲料,仅补充由玉米、麸皮、高粱等组成的混合精饲料即可。妊娠母牛混合精饲料的饲喂原则是,妊娠6个月前少喂,6个月以后多喂;暖季少喂,冬季多喂;初胎及2胎牛多喂,3胎以后牛少喂;体重大、健壮、采食粗饲料多的少喂,相反则多喂。在妊娠后期特别是产前1~2个月内,可增加饲喂次数,日喂4次,少量多次,减轻采食过多对腹腔、胸腔的压迫。此时胎儿已经很大,母牛消化器官由于受胎儿挤压,有效容量减少,胃肠蠕动受到一定影响,消化力降低。因此,除少量多次外,应喂给品质好、易消化的全价饲粮。

在放牧+补饲或舍饲的饲养条件下,傍晚的补饲应逐渐推迟到晚上9时左右,能使绝大部分犊牛在白天出生。产犊时间控制在白天,这时温度适宜,容易发现临产并及时接产,能提高犊牛的成活率,也可减少体力消耗。

三、围产期母牛的饲养管理

(一)饲喂要求

围产期是指母牛分娩前后的15天。这一个月的时期,对母牛、胎儿和新生犊牛的健康非常重要,而且围产期母牛发病率高,死亡率也高,因此在这个阶段必须实行舍饲饲养,加强护理。一般分娩前的15天称为围产前期,分娩后的15天称为围产后期。在围产前期临近分娩时如果饲养管理不当,母牛易感染各种疾病。因此,这一阶段的饲养以保健为中心。饲喂应视母牛的膘情、体况和乳房肿胀程度灵活掌握。对过于肥胖的母牛，此时要撤减精料，日粮以优质干草为主；对营养状况不良的母牛，应逐渐增加精料，但精料的最大给量以不超过体重的1%为宜。对产前有严重乳房水肿和隐性乳房炎母牛，则不宜过多饲喂精料，以免加剧乳房肿胀或引发乳房炎。同时，对乳房水肿严重者，也要减喂食盐。围产前期应减少多汁饲料喂量。因此时胎儿增大压迫消化道的正常蠕动，易造成便秘，所以在精料中要适当提高麸皮的比例，因麸皮含镁多，带有轻泻性，可防止产前便秘的发生。每日如果补喂(或肌注)维生素A和维生素D，可提高初生犊的成活率，也会降低胎衣不下和产后瘫痪的发生。

在放牧+补饲或舍饲的饲养条件下，傍晚的补饲逐渐推迟到晚上9点左右，能使绝大部分犊牛在白天出生。白天产犊时温度适宜，容易发现临产并及时接产，既提高犊牛的成活率，也减少饲养员体力消耗。

围产后期母牛应在产房内饲养。产后母牛体虚力乏，消化功能减弱，乳房呈明显的生理性水肿，生殖道尚未复旧，并时而排出恶露。此阶段饲养的重点是促进母牛体质尽快恢复，为泌乳盛期打下良好的体质基础，而不宜过快追求增产。母牛产后休息片刻，即喂给较易消化的麸皮1～1.5千克，加食盐50～100克，以温水冲调成稀汤让牛饮尽，可起到暖腹、充饥及增加腹压的作用。如果母牛还表现口渴，可酌情再调制一些麸皮汤喂饮。围产后期切忌饮凉水，饮水温度以37℃～40℃为宜。同时喂给优质干草1～2千克或任其自由采食，不喂多汁饲料和糟粕饲料。在产后2～3天内以优质干草为主，辅以麸皮、玉米1～3千克。4～5天后，逐步增加精料。为防止精料过食造成消化功能障碍和过早加剧乳腺的泌乳活动，此时精料喂量以不超过体重的1%为宜。在乳房消肿恢复良好的情况下，可逐渐增加青贮、块根类饲料的喂量。产后8～15天的日粮配合原则是，在干物质中精料比例逐步达50%～

55%，精料中饼粕类饲料应占25%～30%。

(二)管理要求

围产前期管理的重点是保健工作，即预防生殖道和乳腺的感染以及代谢病的发生。母牛在产前7～10天，应转入产房，由专人进行护理。在转群前，用2%火碱水喷洒消毒产房，铺上清洁干燥的垫草，建立日常的卫生消毒制度。母牛后躯及四肢用2%～3%来苏儿溶液冲洗消毒后即可转入产房，并办理转群记录登记和移交工作。

产房内牛床要保持清洁，常换垫草。防止穿堂风袭击牛体。冬季要饮温水，水温最好为36℃左右，绝不能饮冰水及饲喂冰冻变质的饲料，以免造成腹泻引发早产。每日注意观察乳房的变化，如水肿严重，可适当投喂利尿剂。如乳房发红过硬，视情况可提前挤奶，但要保存好初乳。天气晴朗时，可驱赶牛出产房逍遥运动，切忌终日关在潮湿的牛舍内，不利健康，易感染疾病。

肉牛泌乳量较少，犊牛一般随母哺乳。但对西门塔尔等乳肉兼用型牛，由于产奶量高，犊牛哺乳后有剩余，因此需要人工挤奶。挤奶方法主要有手工挤奶和提桶式挤奶机法。相关内容见本丛书《奶牛挤奶员培训教材》。

胎衣一般在产后5～8小时排出，最长不应超过12小时。如果超过12小时，尤其是夏天，应进行药物治疗，投放防腐剂或及早进行剥离手术，否则易继发子宫内膜炎，影响今后的繁殖能力。胎衣排出后应检查是否排出完全及有无病理变化，并密切注意排出恶露的颜色、气味和数量，以防子宫弛缓引起恶露滞留，导致疾病。胎衣排出后及时取走，以防母牛自食，引起消化不良。如胎衣在阴门外太长，最好打一个结，不让其后蹄踩踏，严禁拴系重物，以防子宫脱出。

四、哺乳母牛的饲养管理

(一)饲喂要求

产犊后分泌乳汁哺育犊牛的母牛称为哺乳母牛。哺乳母牛的泌乳量与犊牛生长发育密切相关。1头大型乳肉兼用型母牛(如西门塔尔及其杂种)在自然哺乳时平均日产奶量可达6～7千克,产后2个月达到泌乳高峰。我国本地黄牛产后日产奶2～6千克,泌乳高峰多在产后1个月出现。犊牛出生后2个月内每日需母乳5～7千克,此时若不给母牛增加营养,就会使泌乳量下降,损害母牛健康,犊牛生长受阻。早春产犊母牛正处于牧地青草供应不足的时期,为保证母牛的产奶量,要特别注意泌乳早期(产后70天)的补饲。除补饲作物秸秆、青干草、青贮饲料和玉米等饲料外,每天最好补喂饼粕类蛋白质饲料0.5～1千克。同时注意矿物质及维生素的补充,牧草与精料搭配要多样化,但应杜绝大量饲喂精料的做法。每日精料分为2～3次喂给,最好能和青粗饲料混合或交替饲喂,谷物子实饲料只需磨成1～2毫米的粗粒或压扁即可。在冬春季节可采用以热水拌精料或部分精料做成汤料,以提高适口性。

在饲喂青粗多汁饲料时,首先须注意饲料的品质和清洁。要掌握好青饲料的适时收割期,切忌以过嫩和过老的青饲料喂牛,过嫩的青饲料采食后,容易引起腹泻甚至发生瘤胃臌胀;过老的青饲料,营养价值降低且适口性差,易造成剩余浪费。同时,青粗饲料最好能切短后饲喂,既能促进采食,又能减少牛在采食过程中饲料剩余的浪费。块根块茎类饲料一定要清洗去除污泥后切碎饲喂,否则易发生腹泻和食道梗阻。为增加哺乳母牛对青粗饲料的采食量,在饲喂过程中应做到少给勤添。

为了保持哺乳母牛产奶量的稳定、高产，饲料供应必须保持均衡稳定，切忌三天两头变化不定，有啥喂啥，有的多吃过量，有的少吃挨饿。饲料的突然改变，对母牛泌乳的影响最为明显，引起产奶量忽高忽低。产奶量一旦因饲料突变而下降，即使饲料恢复，产奶量往往不能恢复到原有水平。因此，务必做到按计划、按质、按量组织饲料供应。当饲料类型或饲料原料有改变时，应有5～6天的过渡期，且不可突然改变。

(二)管理要求

1. 注意观察，及时调整饲养方案 为了饲养好哺乳母牛，保持良好的产奶性能，饲养人员每日必须注意观察，分析饲养效果。第一，观察牛只是否喂饱。可察看牛体左肷部(即腰椎侧呈三角凹陷处，俗称肷窝或草肷)的充满程度，如左肷饱满平坦，则说明牛已吃饱，如尚有明显的三角凹陷，则说明未吃饱，还应该继续饲喂，直至肷部充满，无凹陷为止。第二，时常检查粪便排泄情况。肉牛的正常粪便为干湿中等，落地后形似盘状，在地面上呈堆状，无异臭，呈暗绿色。如有异臭或其中混杂许多谷物饲料的颗粒，多是精料饲喂过多或消化不良，生产中通常称之为“过料”。此时应从精料的饲喂量上加以调整；如所排泄的粪便结成硬团块、干燥，应在日粮中增加青绿多汁饲料，并促使哺乳母牛增加饮水；如牛粪排出时落地不成形，四处飞溅，流散于地面呈一摊稀粪，则应检查日粮青绿多汁饲料比例是否合适。往往是因干草饲喂量过少或多汁、糟粕饲料过多所致；如粪便上混有黏液、血液时，应注意是否发情或情期已过；如粪便呈黑色、灰色或白色者，是有病症的表现。第三，观察牛的膘情和健康状况。健康哺乳母牛被毛有光泽，膘情不过肥，也不过瘦，呈中等。过于肥胖，不但影响繁殖功能，亦是低产的标志，应减少日粮中的精料量。反之，应酌情增加精料。健康的牛采食时表现得争先恐后，如发现行动迟缓、采食不欢、呆立不食或卧地不起、精料剩余或不吃干草等现象，均说明健康异常，须进行详细观察，必要时请兽医诊治。

2. 饲喂次数和顺序　饲喂次数和采食量有直接的关系。一般肉用牛哺乳期间每日饲喂 2 次即可。严格按规定时间饲喂，不可随意变动，以免打乱正常的消化功能。饲喂顺序大致有以下几种做法。

(1)先喂精料、多汁饲料，后喂粗料　精料及多汁饲料的适口性好，牛喜食。先喂精料、多汁饲料可形成良好的食欲反射，使消化道大量分泌消化液和加强蠕动，有助于对饲料的消化吸收。此法对于产奶较高的西门塔尔牛及其杂种牛较适合。

(2)先喂粗料，后喂精料和多汁饲料　牛能大量采食青粗饲料，对于一般肉用牛来说，此法较为适宜。这种喂法，能够保持牛有旺盛的食欲，且瘤胃内食团疏松、混和均匀，容易维持瘤胃正常的消化功能，瘤胃 pH 值稳定，既吃完精料定额，又能促进多采食粗料。但此方法增加了饲养员的工作量。

(3)青粗饲料、多汁饲料及精料等混合饲喂　采用这种方法饲喂时青粗饲料必须切短。对适口性差的粗饲料，采用此法饲喂，可提高采食量，也便于机械化饲喂。

上述几种饲喂顺序采用哪一种宜从实际情况因场制宜，灵活运用。在放牧情况下，可参考第一种方法。

3. 饮水　在满足哺乳母牛营养需要的基础上，让牛充足地饮水能提高产奶量 8%～15%。饮水量除与产奶量有直接关系外，同饲料种类、采食量、气温、湿度、水的温度及清洁度都有密切关系。当饲喂大量青饲料和多汁饲料时，可减少牛的饮水量；当摄人大量的干草时，饮水量则相应增加；当采食大量精料时，饮水量相应增加；当夏天气温上升至 30℃ 以上时，饮水量随之增加。当冬季气温下降时，饮水量减少；当湿度高时，饮水量减少。冬季饮水温度不可低于 16℃。每日饮水 3 次，夏季每日饮水 4 次以上。一般牛摄入每千克饲料干物质约需 3～4 千克水。同时，每产 1 千克奶需要饮水 3～4 千克。按此计算，一般哺乳母牛昼夜饮水量约为 80～100 千克。

4. 刷拭 刷拭牛体可消除牛身上的污垢，尘土与粪便，保持牛体清洁，促进血液循环，增进新陈代谢，有利于健康和增产。同时，也可预防体外寄生虫病，使牛习惯于接近饲养人员，培养温顺的性情。

哺乳母牛一般要求每日刷拭 2 次，且应在挤奶前 0.5～1 小时完成。

5. 运动 加强运动对舍饲饲养的牛尤为重要。运动能增进食欲，有助消化，促进血液循环，加强新陈代谢，有益于健康，有利于持续增产和稳产。因此，牛场有必要设置舍外运动场，让牛只自由活动。

母牛每日运动的时间，依季节的变化而有不同。在严寒冬季，夜间室外气温低于 0℃时，宜将牛赶回牛舍休息，或在运动场地上铺垫褥草，使牛躺卧时减少体热的散失，或在西北面设置挡风障。如遇有大风雪或暴雨时，应速驱赶牛进舍内休息。夏季中午烈日当空、辐射太强时，避免外出运动，宜在牛舍内休息，夜间放养在运动场纳凉休息。在黄昏时应先进行驱熏蚊虫，以免骚扰牛休息。

运动场宜设在牛舍的南面、背风向阳的地方，一般多利用牛舍间距，也可在牛舍两侧分别设置。运动场是牛只逍遥活动、乘凉、补饲和饮水的地方。一般情况下，哺乳母牛除饲喂、哺乳犊牛约 8 小时在舍内外，其余时间都在运动场上。因此，在修建运动场时，要求地面平坦或略有慢坡，无碎石和尖锐异物以免伤害乳房和牛蹄。特别要考虑地面保温性和散热性，易于排水干燥，不硬不滑，便于清扫等。

五、干奶牛饲养管理

对于产奶量较高的牛，由于泌乳时间较长，消耗大量营养物质。为了恢复体质为产犊、泌乳蓄积体力和胎犊生长发育的需要，在妊娠后期必须人为停奶。从停奶之日起至母牛分娩前这段时间称为干奶期。干奶是母牛饲养管理中的一个重要环节。干奶方法的好坏、干奶期的长短及干奶期饲养管理对胎儿的生长发育、母子健康及下一个泌乳期的产量有直接关系。

产奶量高的母牛干奶期一般平均为50～60天。肉乳兼用型牛和肉用牛产奶量不高，可采用快速干奶法。即从进入干奶之日起，在4～7天内干奶。方法是，从干奶期的第一天开始，适当减少精料，停喂青绿多汁饲料，控制饮水，加强运动，减少挤奶次数或犊牛哺乳次数。母牛在生活规律突然发生巨大变化时，产奶量显著下降，一般经过5～7天，就可停止挤奶。最后1次挤奶要完全挤净，用消毒液将乳头消毒后注入青霉素软膏，最后对乳头表面进行消毒。母牛在干奶10天后，乳房内的乳汁已被组织吸收，乳房已萎缩。这时可增加精料和多汁饲料喂量，5～7天后达到妊娠母牛的饲养标准。

干奶期母牛饲喂重点是保持适度膘情。干奶牛过肥，会造成难产；而过瘦会在产犊时体力不足，产后泌乳量低下。因此应按膘情分群，采取不同的饲喂方案。应注意不喂劣质的粗饲料和多汁饲料。冬季不饮冰冻的水和饲喂冰冻的块根饲料及青贮料，少喂菜籽饼和棉籽饼，以免引起难产、流产及胎儿滞留等疾患，并注意补充钙、磷、微量元素及维生素。干奶牛管理重点是顺利生产和乳房保健。在干奶牛与其他牛混群饲养的情况下，对干奶牛的上下槽适当照应。采取“早下槽、晚上槽”的管理方法，可明显减少撞伤和流产事故。有条件的地方可集中饲养干奶牛。此外，牛的通道应保持干燥或铺垫草以防滑倒。牛床保持清洁干燥，牛粪及时刮除，常换垫草，以防乳房感染。保证适当的运动，以减少蹄病和难产的发生。

为了促使干奶期间乳腺组织发育和更新，每日可进行乳房按摩2～3次，每次5～10分钟，最后对乳头进行消毒。临产前2～3周，乳房开始肿胀时停止按摩。试验证明，在干奶期按摩乳房可提高产奶量约5%～10%。

六、技术考核指标和劳动定额

(一)技术考核指标

空怀母牛饲养3个月内，死亡率为0，膘情达到中等以上水平，发情配种率85%以上。

妊娠母牛饲养过程中流产率<1%，难产率<3%，产后瘫痪发病率<5%，犊牛出生死亡率0。

(二)劳动定额

基础母牛的饲养管理过程中每个饲养人员的劳动定额，可根据牛群规模、机械化程度、饲养条件和季节的不同而有所差别。在放牧条件下，劳动定额为成年母牛70头/人，放牧＋补饲条件下，劳动定额为成年母牛50头/人，舍饲条件下劳动定额为成年母牛30头/人。围产期母牛和哺乳母牛可适当增加劳动力0.5～1人。

思考题

1. 空怀母牛放牧饲养管理要点有哪些？
2. 妊娠母牛管理应注意哪几个方面？
3. 妊娠母牛放牧＋补饲的饲养方式下应采取怎样的饲养方式？
4. 围产期饲养管理要点有哪些？
5. 干奶牛的饲养管理要点有哪些？

第四章　育成牛的饲养管理

育成牛是指从断奶(4～6 月龄)开始直到配种之前(2 岁左右)这段时间内正在生长发育的牛。这个阶段的牛生命力旺盛,生长发育较快,一般到 18 月龄时,体重应该达到成年时的 70%以上。进入育成期后,牛的营养来源首先发生了变化,由原来由乳汁和精料提供营养物质,转变为以青粗饲料为主的营养来源。如果饲养管理不良,则生长迟缓,配种延迟并影响一生的生产性能。育成牛的生理也发生一系列的变化,逐步经历性成熟和体成熟两个时期。

育成牛作为后备牛,生长发育的好坏直接影响牛群的整体质量和生产水平。此阶段必须给予合理的饲养管理,保证必要的营养供给,才能充分发挥其肉用性能,以便管理者从中挑选优秀的后备母牛补充到成年母牛群中提高生产效率,或挑选优秀的公牛作为后备种公牛进行培育。母牛与公牛在饲养管理上有所不同,从断奶开始,育成公牛即与母牛分开,必须按不同年龄生长特点和所需的营养物质进行正确饲养。

育成牛的培育是犊牛培育的继续,此期培育措施的得力与否对牛的生长发育、体型结构及种用性能都有很大的影响。生产实践上,由于育成牛不产生经济效益,而其体质又不像犊牛那样脆弱、易患病死亡,因而育成牛的培育往往得不到重视。

一、育成公牛的饲养管理

(一)饲喂要求

随着种畜管理制度的逐渐严格和制度化,种公牛的培育一般都是由专门化的种牛场进行。因此，育成公牛作为后备种公牛培育，饲养管理要十分科学和精细。育成公牛的生长比育成母牛快，需要的营养物质较多，尤其需要以补饲精料的形式提供营养，以促进其生长发育和性欲的发展。对育成公牛的饲养，应在满足一定精料供应的基础上，让其自由采食优质青粗饲料。饲喂育成种公牛的饲料种类应与成年种公牛一样。育成种公牛的日粮中精、粗饲料的比例一般应根据粗饲料的质量、种类进行调整。饲料应选用优质干草、青干草、苜蓿干草，不用酒糟、秸秆、粉渣类饲料及菜籽饼、棉籽饼。6 月龄后日采食量应以月龄乘以 0.5 千克为准，1 岁以上日喂量限量为 8 千克，成年为 10 千克，以避免出现草腹。维生素 A 对睾丸的发育、精子的密度和活力等有重要影响，应注意补充。冬、春季没有青草时，每头牛可日喂胡萝卜 0.5～1 千克，日粮中的矿物质要充足。青贮应少喂，6 月龄后日喂量应以月龄乘以 0.3～0.5 千克为准，周岁后日喂量限量为 3～5 千克，成年牛为 4～6 千克。

1. 舍饲 在舍饲条件下有拴系和分群自由运动两种类型。

(1)拴系培育 在具备舍饲培育条件的牧场中，应该在犊牛出生头 10～20 天就将其放入犊牛岛内管理，而后在公、母牛分群前(4～5 月龄前)在群栏内管理，每栏 5～10 头。在断奶后拴系管理。这样育成牛才会逐渐适应拴系环境和饲养方式。在舍饲培育条件下，除要满足营养物质需求外，加强运动是十分重要的一项日常管理工作。从 4～6 月龄开始保证小公牛每天有 2～3 小时运动，可以在圈舍内驱赶运动。

(2)分群自由运动 在分群自由运动培育条件下，小公牛在牛舍内分群管理，每群 5～6 头。夏天，小公牛终日在设有遮阳棚的运动场内饲养。冬天，4～12 月龄小公牛在运动场运动 4～5 小时，在严寒期(－20℃以下)不超过 2～4 小时，其余时间在舍内饲养。

分群管理方式比较符合种用小公牛的生理特点，能培育出发育良好、体质结实、种用期长的小公牛。因此，在畜牧业实践中多采用这种方式来培育种用小公牛。

2. 放牧+补饲 许多种牛场在夏秋季草场旺盛时期为了降低饲养成本，减轻劳动量也采用放牧方式进行饲养。但由于育成公牛已开始有性欲表现，所以一般都采用拴系放牧的方式。在距其他牛群较远的地方，选定背风的一块平坦的放牧场，呈一线排列，用15～20米的铁链固定在铁柱上。柱间距40～50米，每头小公牛都能在周围自由地运动。由于育成公牛培育的重要性和种用价值的需要，不能采取单一的放牧方式来提供营养需要，必须在放牧的同时进行精饲料的补饲。每头小公牛附近都要放有饲槽和饮水器，早、晚投放补充料和水。根据牧场牧草生长情况，在不能满足采食需要的时候应及时转移到下一个地点放牧。

（二）管理要求

1. 分群 牛断奶后应根据性别和年龄、体况进行分群。首先是公、母牛分开饲养，因为育成公牛与育成母牛的发育不同，对饲养管理条件的要求不同，而且公、母牛混养，会影响育成公牛的生长速度。育成公牛分群时，月龄差异一般不应超过2个月，体重差异低于30千克。

2. 保定 一般牛场都有六柱保定架或专门的保定牛栏，控制牛比较容易。在野外放牧时保定牛比较困难，一般采用一柱式保定法。选择一株直径与被保定牛的头部大小相仿，近地端光茎有1.5米高，直立、无枝突、根茎牢固、结实的树桩，树根附近的地面须平坦、坚实、干燥。先保定头部，用2.5米的小圆绳穿过牛的鼻环（牛若无鼻环可制作一个简单的笼头套），然后拉紧牛鼻绳，让牛鼻前端紧贴树桩，顺势把牛鼻拴牢于距地面高50厘米的树桩上。用约4.5米长的中粗圆绳将两角套紧，让牛面部紧贴树桩，迅速用绳呈“∞”字形把牛角与树桩缠绕拴系在一起。将牛头牢固地保定于树桩上。然后将两后肢用“∞”字形缠绕固定法，即用约 2.5 米长的中粗圆绳在两后肢跗关节上胫部作“∞”字形缠绕，将两后肢胫部固定在一起。此外，亦可用两后肢绳套固定法固定两后肢。若需在牛体后躯施手术时，须将牛尾固定于牛臀上或由助手手握保定。

3. 穿鼻 育成公牛将留作种用，为了便于饲养管理和采精，在 7～12 月龄时进行穿鼻，并带上鼻环。鼻环以不锈钢的为好。穿鼻用的工具是穿鼻钳，穿鼻的部位在鼻中隔软骨最薄的地方，穿鼻时将牛保定好，用 5%碘酊将用具和穿鼻部位消毒，然后从鼻中隔穿过，在穿过的伤口中塞进绳子或木棍，以免伤口长住。伤口愈合后先带一小鼻环，以后随年龄增长，可更换较大的鼻环。不能用缰绳直接拉鼻环，应通过角绊或笼头牵拉，以免把鼻镜拉豁，失去控制。

4. 刷拭 为了保持牛体清洁，促进皮肤代谢和养成温驯的气质，育成公牛上槽后应进行刷拭，每天至少 1 次，每次5～10 分钟。常用的刷拭工具，有铁刮、毛刷、棕刷及塑胶刷等。铁刮用来清除毛刷等上面所粘的牛毛和污泥。刷拭时不论在牛体左侧或右侧，均须由颈部开始，由前到后，自下到下，一刷紧接一刷，遍刷全身，不要疏漏。刷拭者左手持铁刮，右手持毛刷，先逆毛而刷、后顺毛而拂。对刷拭不掉的污泥，亦可用水清洗。

5. 试采精 育成公牛 12～14 月龄后应试采精，开始每个月 1～2 次，以后逐渐增加至 18 月龄时每周 1～2 次。检查采精量、精子密度、活力及有无畸形，在有条件的地方必须试配一些母牛，观察看后代有无遗传缺陷，然后再决定是否作种用。

6. 加强运动 育成公牛的运动关系到其体质和性功能表现，必须加强运动，提高体质，增进健康。对于种用育成公牛，要求每天上、下午各 1 次，每次 1.5～2 小时，行走距离 4 千米。运动方式有旋转架、套爬犁，或拉车。育成公牛较多时，宜设置旋转架，每次可同时运动数头。公牛少的牛场，可以修建运动圈或运动道，亦可拉车、套爬犁等，从事轻役。在晴天，宜将公牛拴在铁索上（铁索上套有滑轮），让其来回走动，每天进行4小时的日光浴。实践证明，种用公牛如果运动不足或长期拴系，会使牛性情变坏，精液质量下降，患肢蹄病和消化道疾病等。但也要注意不能运动过度，否则同样对公牛的健康和精液质量有不良影响。

7. 防疫注射 定期对育成公牛进行防疫注射，防止传染病。按防疫规程，配合兽医人员进行捉牛、保定。

8. 调教 对育成公牛要进行必要的调教，包括与人的接近、牵引训练，配种前还要进行采精前的爬跨训练。公牛性情一般比较暴躁，饲养过程中必须注意安全。

9. 育成公牛要定期称重 一方面检查其生长发育状况，发现有生长缺陷的要及时淘汰；另一方面检查饲养管理情况，及时调整日粮。每月称重1次，早晨空腹称重，并做好各项生产记录。

二、育成母牛的饲养管理

（一）饲喂要求

育成母牛在不同年龄阶段，其生理变化与营养需要不同。断奶至周岁的育成母牛，处于性成熟期，性器官及第二性征发育很快，体躯向高度急剧生长，逐渐达到生理上的最高生长速度。同时，其前胃已相应发达，容积扩大1倍左右，因此在饲养上要求供给足够的营养物质，除给予优质的牧草、干草和多汁饲料外，还必须给予一定的精料。日粮要有一定的容积以刺激前胃的继续发育。到周岁时，精饲料逐渐减少到停喂，转向主要以粗饲料为主。1岁以上育成母牛的消化器官发育已接近成热，功能与成年牛相似，粗放饲养能促进消化器官的功能。足够的优质粗料即能满足营养需要，如果粗料品质差时，适当补饲精料即可。12～18月龄，消化器官容积更加扩大，为了刺激其进一步增长，日粮应以粗饲料和多汁饲料为主。

1. 放牧 育成牛不直接产生经济效益，因此不论是在什么经营模式下，放牧都是育成母牛首选的饲养方式。这样不但能合理利用草地、草场，防止水土流失，使牛获得充分运动，从而增强体质，更主要的是降低饲料成本、减少劳动力和设备的开支，从而降低经营成本，提高养殖效益。

我国北方有广阔的天然草地，青草期5个月（6～10月份），南方有丰富的山地草场，青草期为6～7个月。可以充分利用这些饲草资源和放牧季节饲养育成牛。

由于我国的饲养习惯和配种的季节性较强，一般产犊均在冬、春季，夏、秋季正是牛育成阶段，所以应充分做好育成牛的放牧工作。6月份季节性休牧结束或牧草平均生长到10厘米以上，就可以组织育成牛放牧。此时犊牛刚断奶，生性活泼，在最初放牧的15天内，应适当控制放牧时间和范围，以后逐渐增加，让牛逐步适应，达到让牛科学地“换肠胃”。避免其突然大量吃青草，发生臌胀、水泻等严重影响牛健康的疾病。

如果牛群数量较大，应合理组群放牧，水草丰盛的草原地区100～200头一群，山区可50头左右一群。群体大可节省劳动力，提高生产效率，增加经济效益；群体小则管理细，在草量低的情况下，仍能维持适合于牛特点的行走速度，牛生长发育较一致。如果育成牛数量较小，1岁之前可以和带犊母牛、妊娠最后2个月母牛及瘦弱牛一起在较丰盛、平坦和近处草场（山坡）放牧。1岁以后应单独组群放牧，并注意观察体格发育状况和发情情况，达到体成熟时及时配种。为了减少牧草浪费和提高草地（山坡）载畜量，在基础设施较好的地区，应该组织划区轮牧，增加草场休养生息的时间，保持持久的生产能力。放牧草场距离居住地较远的情况下，应修建放牧临时牛圈，牛圈要选在高旷，易排水，坡度小(2%～5%)，夏天有阴凉，秋季背风向阳暖和之地，不要选在悬崖边、悬崖下、雷击区、径流处、低洼处、坡度大的地方。

放牧牛还要解决饮水的问题，每天应让牛饮2～3次水，水饮足，才能吃够草，因此饮水地点距放牧地点最好不要超过5千米。水质要符合畜禽饮水卫生标准。夏、秋季气温较高，放牧牛的饮水量也多。按成年牛计算(6个月以下犊牛算0.2头成年牛，6个月～2.5岁牛算0.5头成年牛)，每天每日需饮水10～50升。如果放牧草场没有泉水、溪水等，也可砌坑塘积蓄雨水备用。在放牧条件下，育成牛日增重应该在400～500克。

2. 放牧＋补饲　春季返青后嫩草含水分多，能量及镁缺乏，晚秋初冬后牧草枯萎、营养缺乏等情况下，放牧育成牛必须每天回圈后补饲干草、精料，夜间补饲不会降低白天放牧采食量，也免除回圈立即补饲，使牛群养成回圈路上奔跑所带来的损失。补饲时，各种矿物元素不能集中喂，尤其是铜、硒、碘、锌等微量元素所需甚少，稍多便会中毒，但缺乏时明显阻碍生长发育，可以采购适于当地土壤微量元素含量特点的舔砖自由采食。放牧＋补饲条件下，育成牛每天应有100～200克的增重。每日每头应补1千克左右混合精料。冬末春初还应加喂1千克胡萝卜、青干草，或0.5千克苜蓿干草。

3. 舍饲　舍饲是在没有放牧场地或不能放牧的季节，以及工厂化、规模化肉牛生产中所采用的饲养方式。

育成牛舍饲，可根据不同年龄阶段分群饲养，断奶至周岁的育成母牛逐渐达到生理上的最高生长速度，而且在断奶后幼牛的前胃相当发达，只要给予良好的饲养，即可获得最高的日增重。粗料可占日粮总营养价值的50%～60%，混合精料占40%～50%；周岁时粗料逐渐增加到70%～80%，精料降至20%～30%。舍饲过程中，应多用干草、青贮和根茎类饲料，干草饲喂量(按干物质计算)为体重的 1.2%～2.5%。青贮和根茎类可代替干草量的50%。不同的粗料要求搭配的精料质量也不同，用豆科干草型粗料时，精料需含 8%～10%的粗蛋白质；用禾本科干草型粗料时，精料蛋白质含量应为 10%～12%；用青贮型粗料时，精料应含12%～14%粗蛋白质，以秸秆为粗料，要求精料蛋白质水平高达16%～20%。青贮的喂量在断奶后不超过 8 千克，以后逐渐增至15 千克。周岁以上育成牛消化器官的发育已接近成熟，其消化力与成年牛相似，粗放饲养，能促进消化器官的功能。至初配前，粗料可占日粮总营养价值的 85%～90%。粗料品质差时要补喂精料。由于该阶段牛的运动量加大，所需营养也较大，配种后至预产期前 3～4 个月，为满足胚胎发育、营养贮备，可增加精料，并注意矿物质和维生素 A 的补充。舍饲牛可采用小围栏的管理方式，也可采用大群散放饲养，前者每栏 10～20 头牛不等，平均每头牛占7～10 平方米。一般粗饲料多采取全天自由采食，精料定时补饲，自由饮水。舍饲条件下，在夏、秋季青饲料充足的情况下，育成牛日增重应为 420～600 克。冬天粗料以青干草、青贮或氨化秸秆为主，若能自由饮 20℃的温水，则不加料日增重也能达到 100 克左右。若加 0.5 千克含蛋白质较高的配合料，日增重可达到 200 克。

(二)管理要求

1. 分群　6 月龄以后的育成牛必须按性别分群舍饲。按性别分群是为了避免私交乱配和小母牛过早配种。私交乱配往往造成近亲交配和无种用价值的小公牛交配，使后代退化。母牛过早交配使正常生长发育受到损害，成年时达不到应有的体重；如果受胎产犊，犊牛由于生理做到缺陷，生长会受到限制，使生产成本加大。牛数量少，没有条件做到公、母牛分群时，可对不作种用的育成公牛做附睾切割，保留睾丸并维持其正常功能(相当于输精管切割)。

育成母牛分阶段饲养管理，将年龄及体格大小相近的牛组群在一起，最好是月龄差异不超过1.5～2个月，活重差异不超过25～30千克。

2. 定槽　舍饲时必须固定饲槽，使每头牛有自己的牛床和饲槽，保证每头牛的采食量，避免由于竞食造成有的牛过饱，而有的牛过饥，使生长均匀。

3. 加强运动　在舍饲条件下，每天至少要有2小时以上的驱赶运动。

4. 转群　育成母牛在不同生长发育阶段，生长强度不同，应根据年龄、发育情况分群，并按时转群，一般在12月龄、18月龄、受胎后共3次转群。同时称重并结合体尺测量，对生长发育不良的进行淘汰。最后1次转群是育成母牛走向成年母牛的标志。

5. 刷拭　在舍饲条件下，为了保持牛体清洁，减少体外寄生虫的孳生，促进皮肤代谢和养成温驯的气质，每天刷拭1～2次，每次5分钟。用具和方法同育成公牛。

6. 初配　在18月龄左右根据生长发育情况决定是否配种。配种前1个月应观察育成母牛的发情日期，以便在以后的1、2个情期内进行配种。放牧牛群发情有季节性，一般春、夏季发情(4～8月份)应注意观察，生长发育达到适配时予以配种。舍饲牛发情的季节性不明显。

7. 制定生长计划　根据不同品种、年龄的生长发育特点，饲草、饲料供给的状况，确定不同日龄的日增重幅度，制定生长计划。一般从出生至18月龄，活重较初生重增加10～11倍，24月龄活重增加12～13倍。

8. 做好防暑防寒工作　运动场内应搭建凉棚、种树遮阳防暑，要从牛舍建筑上考虑防暑。在北方地区要考虑防寒，整体来看，防暑重于防寒。

三、技术考核指标和劳动定额

(一)技术考核指标

育成牛饲养期内死亡率为 0,18 月龄体重 350 千克以上,18～24 月龄有 75%以上的发情配种率。

(二)劳动定额

育成牛在放牧条件下,劳动定额为 90 头/人,放牧+补饲条件下,劳动定额为 60 头/人,舍饲条件下,劳动定额为 40 头/人。

思考题

1. 什么是育成牛?
2. 育成公牛饲养分几种方式?
3. 育成公牛管理要点是什么?
4. 育成母牛饲养分几种?
5. 育成母牛管理要点有哪些?

第五章　犊牛的饲养管理

犊牛通常是指从出生至断奶这个阶段的牛。犊牛期的生长发育是牛整个生命过程中最为迅速的时期，也是肉牛养殖最重要的一个时期。在肉牛养殖过程中繁殖母牛的生产性能和犊牛断奶是关系着肉牛养殖成功与否的两个重要因素。然而生产中犊牛的科学饲养是容易被人们忽略的环节。损失一头犊牛就等于白白饲养一头母牛 1 年的时间。因此，必须对犊牛进行科学的饲养管理，提高犊牛成活率，增加牛只数量，达到提高牛群品质和获取最大经济效益的目的。

一、犊牛的生理特点

犊牛在胎儿期真胃得到了较充分的发育，而以调节微生物生长环境和吸收微生物发酵产物为主要功能的前胃发育不充分。初生犊牛的前 3 个胃的容积仅占整个胃容积的 1/3 左右，且功能很不完善。瘤胃黏膜乳头短小且软，微生物区系尚未建立，不具备发酵饲料营养物质的能力。因此，初生犊牛属单胃营养类型，主要靠真胃和小肠消化吸收摄入的营养物质。这就决定了犊牛在出生后的一段时期内，必须依靠乳汁和精饲料满足生长所需的营养。

犊牛出生后，前胃（瘤胃、网胃、瓣胃）发育迅速，其营养类型也随之由单胃型过渡到反刍型。出生后 2 周内，犊牛前胃的功能仍很不完善，基本依靠哺乳获得营养，15～20 天内随着开始咀嚼植物性的饲料，瘤胃内的微生物区系开始形成，瘤胃黏膜乳头逐渐发育，前胃容积增大，这时哺乳仍是主要的营养来源；20 日龄后，瘤胃微生物区系逐渐完善，前胃迅速生长发育，犊牛采食饲草、饲料的数量逐渐增多;3 月龄时 4 个胃的比例已接近成年牛的比例,从草料中获得的营养已超过所吃奶中的营养;5 月龄时,前胃的生长发育基本成熟,从奶中获得的营养已成为次要。人为的干预,可以使前胃的生长发育提早成熟,如提早给犊牛补饲植物性饲料(尤其是干草),并把母牛反刍的食团取出,挤出液体后拌入奶中或直接喂给犊牛,可促进犊牛前胃功能的发育。直接给犊牛饲喂微生物(添加剂)亦可加快前胃发育。

15～20 日龄的犊牛,在吮奶时可形成食管沟反射,即食管形成管状结构,使奶直接流入皱胃。如果犊牛吃奶过急,会有少量奶进入瘤胃和网胃,引起异常发酵,往往导致犊牛腹泻。初生犊牛肠道内存在足够的乳糖酶活性,缺少淀粉酶和麦芽糖酶的活性,几乎没有蔗糖酶的活性。因此,初生犊牛能很好地消化奶中的乳糖,但不能很好地消化淀粉类碳水化合物。出生 2 周后,乳糖酶的活力随着日龄增加而逐渐降低,淀粉酶和麦芽糖酶的活性逐渐升高。初生犊牛胰脂肪酶活力很低,随着年龄增加而迅速增加,8 日龄时就可达到相当高的水平,可使犊牛很容易消化利用乳脂及代乳品脂肪。初生犊牛由皱胃分泌的凝乳酶对牛奶进行消化。随着生长的延续,凝乳酶活力逐步被胃蛋白酶所代替。从犊牛出生后消化道酶活性的变化情况可以看出,3～4 周龄内犊牛的主要营养来源是乳汁或以乳成分为主的代乳料。犊牛瘤胃和网胃的生长速度,以 8 周龄以前最快。

瘤胃和网胃的总重量占胃室总重的比例在 12 周龄基本达到稳定,但其相对容积在 50 周龄以前一直在增加。犊牛瘤胃和网胃的发育包括容积和吸收能力两个方面,提前开食优质粗饲料对这两方面具有促进作用。一般 7 日龄时自由采食优质青干草,15 日龄时投喂犊牛开食料。开食料须营养价值高、易消化吸收,适口性好,最好制成颗粒饲料,便于采食。

二、饲喂要求

(一)及早喂足初乳

犊牛离开母体后其生存环境由稳定的母体内环境(子宫环境)转为变化的外界环境,而此时初生犊牛的组织器官尚未充分发育,对外界不良环境的抵抗力较低,适应性较差,皮肤的保护功能较差,神经系统的反应性也不足。因此,初生犊牛易受各种不良因素的影响而发生疾病。首先营养来源由母血(胎盘、脐带)供应转为由自身消化器官消化吸收母乳获得营养,消化功能很弱,处于启动阶段,初乳是最能满足犊牛营养需要和易消化的饲料。另外,由于胎儿期母体免疫球蛋白不能通过胎盘进入胎儿体内,胎儿自身也不能产生抗体,因此刚出生的犊牛抵抗力很弱。通过吮食初乳是初生犊牛获得抗体的惟一途径。

出生后第一周是生活环境与机体变化最大的时期,也是提高犊牛成活率的关健时期,俗称“初生关”。所以,犊牛出生后要尽快让其吃上初乳。初乳是母牛产犊后5～7天所分泌的乳汁,其色深黄而黏稠,成分和7天后所产常乳差别很大,尤其是第一次初乳所含干物质是常乳的2倍,维生素A是常乳的8倍,蛋白质是常乳的3倍。初乳中含有大量免疫球蛋白,具有抑制和杀死多种病原微生物的功能,使犊牛获得免疫。初生犊牛的肠黏膜能直接吸收初乳中免疫球蛋白,而这种特性随着时间的推移迅速减弱,而后消失。其次,初乳中含有丰富的盐类,其中镁盐比常乳高1倍,使初乳具有轻泻性,犊牛吃进充足的初乳,有利于排出胎便。第三,初乳酸度高,进入犊牛的消化道能抑制肠胃有害微生物的活动。初乳所含的营养物质常随母牛产后时间的增加而逐渐下降。因此,为使犊牛能获得较多的营养和发挥初乳的特殊功能,让犊牛尽早吃到初乳，出生后 0.5～1 小时就应喂给初乳。第一次饲喂大型品种的健康犊牛时，初乳的哺乳量是 2 千克，体弱者 0.75～1 千克，切记第一次不能给予过多的初乳，以防消化功能紊乱。以后每天可按体重的 1/5～1/4 计算初乳的喂量，每日喂 3～4 次。初乳挤出后，要及时饲喂，奶温应保持在35℃～38℃，如奶温过低，可将奶壶放在热水中隔水加热至 38℃后再喂。奶温过低，易引起犊牛胃肠道疾病；奶温过高，则会损伤口腔和胃黏膜。

犊牛出生后要早喂和多喂初乳。犊牛出生后用清洁干布擦净身上黏液，断脐带，称初生重后，只要能自行站立，应引导犊牛接近母牛乳房寻食母乳，若有困难，则需人工辅助哺乳。如果母牛分娩后死亡，可以从其乳房中把初乳全部挤出温热后(切不可超过40℃)喂给犊牛。因母牛患病或其他原因使初乳不能用时，可用同期产犊的其他母牛做保姆牛，或按每千克常乳中加 5～10 毫克青霉素或等效的其他抑菌素，3 个鸡蛋、4 毫升鱼肝油配制人工初乳代替，并喂 1 次蓖麻油(100 毫升)，以代替初乳的轻泻作用。初乳期一般为 4～7 天，结束后立即转入犊牛群，用常乳或混合乳饲喂。

(二)饲喂常乳

饲喂常乳可以采用随母哺乳、保姆牛法和人工哺乳法给犊牛哺乳。

1. 随母哺乳法 让犊牛和母亲在一起，从哺喂初乳至断奶一直自然哺乳。为促进犊牛发育和诱发母牛发情，可在母牛栏旁边设一犊牛补饲间，短期使母牛与犊牛隔开。

2. 保姆牛法 选择健康无病、温驯、乳房及乳头健康、产奶量中下等的奶牛做保姆牛，按每头犊牛日食 4～4.5 千克奶量的标准选择几头年龄和体质相近的犊牛固定哺乳。将犊牛和保姆牛饲养在设有犊牛栏的牛舍内，每日定时哺乳 3 次，犊牛栏内要设饲槽及饮水器，进行补饲。调教保姆牛接受犊牛的办法可采用把保姆牛的尿或生殖道分泌物或其亲犊的尿涂于寄养犊的臀部、尾巴上。对脾气暴躁的母牛，第一次哺乳寄养犊时将其后肢捆绑，多次吮乳之后，证明保姆牛已接受寄养犊时，方可停止捆绑。

3. 人工哺乳法　对大型肉牛养殖场或找不到合适的保姆牛以及奶牛场淘汰犊的哺乳多用此法。

（1）哺乳量　初乳期后到 30～40 日龄常乳喂量占体重的 8%～10%。随着采食草料量的增加，逐渐减少全乳的喂量，60～90 日龄断奶。早期断奶可在 5 周龄左右，哺乳量控制在 100 千克左右。早期断奶需要有好的代乳料和开食料。早期断奶哺乳方案：0～7 天喂初乳：7～42 天喂常乳，每天 3 千克，自 11 日龄开始喂给精料和粗饲料，共喂开食料 17.71 千克，干草 1.55 千克，42 日龄断奶，43～91 天喂犊牛料 125.59 千克，干草 11.13 千克。

（2）哺乳次数　每天最好饲喂 2 次等量的牛奶，每次饲喂量占体重的 4%～5%。如将犊牛每天所需的奶量 1 次喂给，饲喂量就会超过犊牛真胃的容积，多余的牛奶会反流到瘤胃中而造成消化紊乱（如瘤胃臌气）。

（3）哺乳温度　犊牛出生 8 周之内，控制牛奶的温度十分重要。冷牛奶比热牛奶更易引起消化紊乱。尤其在 1 月龄之内，喂奶的温度必须与体温相近（39℃）。对稍大些的犊牛，奶温可控制在 35℃～36℃。

（4）哺乳方法　常用奶桶或奶瓶进行人工哺乳。哺乳时，可先将装有牛乳的壶放在热水中进行加热消毒，不能直接放在锅内煮沸，冷却至 38℃～40℃时哺喂。2 周龄前每天喂奶 4 次，3～5 周龄每天喂奶 3 次，6 周龄以上每天喂 2 次。3 周龄以内的犊牛，可用带橡皮奶嘴的奶壶喂奶，用小刀在橡皮奶嘴顶端割一“十”字形裂口，使犊牛吃奶时必须用力吮吸奶嘴才能吸到乳汁。当犊牛用力吮吸橡皮奶嘴时，由于分布在口腔的神经感受器受到刺激可使食管沟反射完全，闭合成管状，乳汁由食管沟全部流入皱胃。同时，由于吮吸速度较慢，乳汁在口腔中能充分与唾液混匀。到皱胃时凝成疏松的乳块利于消化。若把橡皮奶头剪成孔状或裂口过大时，则吸奶毫不费劲，会使犊牛饮奶过急，食管沟往往闭合不全，乳汁溢入瘤胃。奶在其中发酵腐败，易使犊牛生病。同时，奶在口腔中未能和唾液充分混合，到皱胃凝成较坚硬的凝乳块，难于消化，甚至堵塞皱胃与十二指肠连接的幽门，使皱胃内容物不能下移，造成皱胃扩张导致死亡。3 周龄后可改用桶喂，饲养员洗净手，用手顶着犊牛嘴，控制吮吸速度，使每头牛吃奶时间不短于 2 分钟。喂奶前拴系犊牛，使其不能互相舔吮，每次喂奶之后，要用干净毛巾将犊牛口、鼻周围残留的乳汁擦干，一直拴系到其吮吸反射停止后再放开(约 10 分钟)。犊牛吃奶后若互相吮吸，常使被吮部位发炎或变形。更严重的会将牛毛咽到胃肠中缠成毛团，堵塞肠管，危及生命。若形成恶癖，则可用小棒敲打嘴头，破坏吮吸反射，多次即可纠正。

要经常观察犊牛的精神状态及粪便。健康的犊牛，体形舒展，行为活泼，被毛有光泽。若被毛乱而蓬松，垂头弓腰，行走蹒跚，咳嗽，流涎，叫声凄厉，则是有病的表现；若粪便变白、变稀，这是最常见的消化不良的表现，此时只需减少 20%～40%喂奶量，并在奶中加入 30%的温开水饲喂，即可很快痊愈，不必用药。

(5)可供哺乳的牛奶及其他液体饲料　可以用于犊牛人工哺乳的奶类除全乳外，还有发酵初乳、脱脂奶及牛奶加工副产品及代乳料。合理利用这些原料哺喂犊牛可以降低成本。

①全奶：初乳期后可一直饲喂全奶，直至断奶。一定量的全奶配合优质的犊牛料，是犊牛最佳的日粮。采用这一日粮所获得的犊牛增长情况，常作为评估其他哺乳方案优劣的标准。

②发酵初乳：将多余的初乳放在消过毒的容器内接种乳酸菌后室温发酵，可以用来哺育犊牛。发酵初乳可以保存几周。饲喂优质发酵初乳的犊牛，日增重稍低于饲喂全奶者。劣质的发酵初

乳缺乏适口性，并可造成犊牛日增重下降。

③脱脂牛奶：与全奶相比，脱脂牛奶蛋白质的含量较高，但能量约为全奶的 50%，脂溶性维生素缺少。脱脂牛奶只适用于饲喂 3 周龄以上、并且能采食较多固体饲料的犊牛。

④代乳料：出生后 4～6 天即可用代乳料饲喂犊牛。代乳料的含脂量通常低于全奶（以干物质计算），因而其所含能量较低（为全奶的 75%～80%）。饲喂代乳料的犊牛通常比饲喂全奶的犊牛日增重稍低。代乳料的营养成分应与全奶相近。乳清蛋白、浓缩的鱼蛋白和大豆蛋白可作为代乳料中的蛋白质成分。但某些产品，如鱼粉、大豆粉、单细胞蛋白质以及可溶性蒸馏物（淀粉发酵蒸馏过程的副产品）不宜作为代乳料的蛋白质成分，因为它们不易被犊牛吸收。使用代乳料时，应严格按照产品的使用说明正确稀释。大多数干粉状代乳料可按 1∶7 稀释，以达到与全奶相似的浓度。

（三）采食训练与补饲

犊牛出生后对营养物质的需要量不断增加，而母牛的产奶量 2 个月以后就开始下降。为了使犊牛正常生长发育和早期断奶的需求，必须进行采食训练和补饲。犊牛料必须清洁卫生，适口性好，营养丰富。要求含粗蛋白质 16%～18%，粗脂肪 2%、粗纤维 3%～5%、钙 0.6%、磷 0.42%，另添加维生素 A、维生素 D、维生素 E 及微量元素添加剂。犊牛料中不能加入尿素，只有在犊牛能够反刍，每天的粗料采食量达到 1 千克/100 千克体重后，才可在日粮中加入少量尿素，但一般情况下尽量不用。当犊牛每天能吃完 1 千克以上犊牛料后即可断奶。犊牛从 7～10 日龄开始训练采食干草，在草架上放置优质干草，供其自由采食。15～20 日龄训练采食精饲料，开始时喂完奶后将料涂在牛嘴唇上诱其舔食，经 2～3 天后，可在犊牛栏内放置饲料盘，任其自由采食，最初每日每头喂干粉料 10～20 克，数日后可增至 80～100 克，过一段时间喂以湿料。随日龄增加逐渐加大给量。在喂给精料的同时,还应喂给优质的青干草或青绿饲草。8周龄前不宜多喂青贮饲料,更不宜喂秸秆。可以补给少量切碎的胡萝卜等块根、块茎饲料。为促进犊牛瘤胃的发育,除诱食饲草饲料外,应接种瘤胃微生物,即把成年牛反刍时的口腔内食物取出,塞少许到犊牛口中。对于生产小牛肉的肉用犊牛的培育,必须从出生开始就使用全乳、脱脂乳及代乳料喂养。为了减少其内脏器官的容积,提高屠宰率及净肉率,保证牛肉具有白色及淡红颜色,必须减少固态饲料的给量或限制饲喂。对于种用公犊的培育,必须适当增加全乳、脱脂乳及精饲料的给量,减少粗饲料,以使公犊健壮活泼,促进其性早熟,防止形成“草腹”而影响配种。

(四)注意饮水

牛奶中的含水量不能满足犊牛正常代谢的需要。因此,必须让犊牛尽早饮水。出生后1周可在饮水中加入适量牛奶,借以诱导。开始饮36℃~37℃的温开水,10~15日龄后可饮常温水,5周龄后可在运动场内备足清水,任其自由饮用,但水温不宜低于15℃。

(五)补饲抗生素

为了预防犊牛腹泻,可补饲抗生素。如每天补饲10 000单位的金霉素,30天后停喂。犊牛的增重可提高7%~16%,腹泻大大减少。特别在饲养管理较差的条件下,效果更为显著。

(六)断　奶

断奶应在犊牛生长良好并至少摄入相当于其体重1%的犊牛料时进行,较小或体弱的犊牛应延迟断奶。肉用犊牛一般在5~6月龄断奶,生产实践中要根据月龄、体重、精料补充料采食量确定断奶的时间。目前在大型肉牛养殖场多在2～4月龄断奶。当犊牛连续3天采食1千克以上的干物质时便可断奶。犊牛在断奶期间采食量下降，可造成断奶后的最初几天体重下降。无论在什么月龄断奶，这一体重下降过程都会发生。因此，不应试图延迟断奶来获得较好的过渡期，而应努力促使犊牛尽早摄入犊牛饲料。犊牛断奶10天内，仍饲养在原来的牛栏或牛笼内，直到犊牛没有吃奶要求为止。

早期断奶指在出生后35天内断奶。早期断奶的优点是：使犊牛快速进入肥育场，缩短母牛的配种间隔，减少母牛的营养需要量，使母牛利用更多的粗饲料，延长繁殖母牛的使用寿命。肉用犊牛早期断奶的原则是喂给犊牛蛋白质、能量、维生素和微量元素含量平衡、适口性好的犊牛料，断奶后2～3周训练开食，给犊牛注射黑腿病疫苗和败血病疫苗，维生素A和维生素D。

早期断奶以35日龄最好，其优点是犊牛容易饲喂，母牛容易恢复并且可确保母牛每年繁殖1头犊牛。在犊牛出生后1周改喂常乳的同时，开始训练犊牛采食代乳料。代乳料必须含有20%以上粗蛋白质、7.5%～12.5%粗脂肪和72%～75%的干物质。为了培育出体质健壮而又适于集约化管理的幼牛，犊牛断奶后，最好进行放牧管理，以保证犊牛采食到新鲜可口、营养丰富的豆科、禾本科牧草，而且有充足的运动和光照可促进其生长发育。冬季没有放牧条件时，要适当补饲，并驱赶其在草场或运动场上锻炼，防止蹄病。刚断奶的犊牛对外界的适应能力较弱，体温调节的功能也差，容易受各种疾病的侵袭。因此，必须对其加强护理。牛舍保持清洁干燥，通风良好，用具要消毒。冬季栏内要多铺垫草，采取防风保温措施，防止因栏内潮湿和天气骤变或冷风吹入引起犊牛感冒和引发肺炎。哺乳期越短，犊牛代乳品质量要求越高，成本也就随之增加。

三、管理要求

初生犊牛的组织、器官发育不完善，皮肤、黏膜的保护功能差，易被病菌侵害而致病，甚至死亡。加强饲养管理，使犊牛尽快适应外界环境，减少犊牛疾病，提高成活率，需要饲养人员精心护理。

(一)初生犊牛的护理

1. 确保犊牛呼吸畅通 犊牛出生后应立即用纱布或毛巾清除口、鼻中的黏液和羊水，尽快使犊牛呼吸。如果发现犊牛出生后不呼吸，可将犊牛的后肢提起，使犊牛的头部低于身体其他部位，或者倒提犊牛。倒提的时间不宜过长，以免内脏的重量压迫膈肌妨碍呼吸。一旦呼吸不畅通即将连着橡皮球的胶管插入鼻孔和气管中，吸尽黏液，也可用草秸刺激鼻腔黏膜，诱发呼吸反射，或用浸有氨水的棉花球放在犊牛鼻孔上刺激气管，使它出现呼吸反射，或将犊牛头部以下浸泡在 45℃温水中，并用手掌有节奏地轻压胸腹部，使胸腔有规律地收缩和开张，以刺激心脏和呼吸反射，并配合使用刺激呼吸中枢的药物，如皮下或肌内注射 1%山梗菜碱注射液 0.5～1 毫升，或 25%尼可刹米注射液 1.5 毫升，其他强心剂也可酌情使用。为了纠正酸中毒，可静脉注射 5%碳酸氢钠注射液 50～100 毫升。为防止继发肺炎，可肌内注射抗生素。

2. 断脐与消毒 产犊时犊牛的脐带可自然扯断，多数情况下，残留在犊牛腹部的脐带有几厘米长。若没有扯断，应在距犊牛腹部 10～12 厘米处剪断脐带，挤出脐带内的黏液，用 5%碘酊对脐带及其周围进行消毒。

出生 2 天后应检查犊牛是否有肚脐感染。正常时脐带周围应当很柔软，肚脐感染的犊牛表现出沉郁、脐带区红肿并有触痛感。脐带感染可能很快发展为败血症，引起死亡。正常情况下，经过

15天左右，残留的脐带干缩脱落。当发现不干燥并有炎症时可用碘酊消毒，不干且肿胀则可定为脐带炎，应请兽医治疗。

3. 清除身体黏液　犊牛出生时，躯体上有大量的黏液，正常分娩母牛会立即舔干犊牛，母牛舔食有助于犊牛呼吸，唾液溶菌酶可预防疾病，黏液中的催产素可促进母牛子宫收缩，排出胎衣，加强乳腺分泌。

4. 犊牛登记　犊牛出生后应称重并登记犊牛初生重、父母号、毛色和性别等。每个牛场都有自己登记犊牛的方法，但应按照我国规定的统一格式编号。新生犊牛应打上永久的标记，其出生资料必须永久存档。标记犊牛的方法包括：套在颈项上刻有数字的环、金属或塑料的耳标、盖印、冷冻烙印。此外，照片或自身的毛色特征，也是标记犊牛的永久性记录。

5. 饲喂初乳　具体操作参照“犊牛饲喂要求”相关内容。

6. 新生犊牛孱弱的护理　新生犊孱弱是指犊牛衰弱无力、生活力低下的一种先天发育不良或不足。母牛在妊娠期间，蛋白质饲料、维生素或矿物质供应不足或缺乏，患有产前截瘫或慢性胃肠疾病，都可使胎儿发育不良，先天不足，产出弱犊。母牛患某些传染病时，引起胎儿子宫感染，可产出病弱犊牛。母牛早产，近产繁殖，所产出的犊牛也常表现孱弱。犊牛出生后由于环境温度过低，未能及时护理而受冻，犊牛的活力也会受到严重影响。出生后犊牛体弱无力，肌肉松弛，动作不协调，站立困难或卧地不起，心跳快而弱，呼吸浅表而不规则，有的闭眼，对外界刺激反应迟钝，耳鼻唇及四肢末梢发凉，吮乳反射微弱。新生犊缺乏维生素A时，表现软弱和视觉障碍（瞎眼），易发生消化道和呼吸道感染，或有轻度神经症状。

首先应把犊牛放在温暖的屋子里，舍温应保持在25℃～30℃，必要时覆盖干草、毯、被子等。

对孱弱犊牛的护理十分重要。要定时实行人工哺乳，最好喂给母牛初乳。犊牛如不能站立，应勤翻动，防止发生褥疮。

(二)去　角

初生犊牛去角的适宜时间多在出生后7～10天，常用的去角方法有电烙法和固体苛性钠法两种。电烙法是将电烙器加热到一定温度后，牢牢地压在角基部，直到其下部组织烧灼成白色为止，再涂以青霉素软膏或硼酸粉。烧时不宜太久太深，以防烧伤下层组织。苛性钠法应在晴天、哺乳后进行，具体方法是先剪去角基部的毛，再用凡士林涂一圈，以防苛性钠药液流出，伤及头部和眼部。然后用棒状苛性钠蘸水涂擦角基部，直到表皮有微量血渗出为止。处理后把犊牛拴系他处，以免其他犊牛舔伤处或犊牛摩擦伤处增加渗出液，延缓痊愈。伤口1～3天结痂，为避免腐蚀母牛乳房皮肤，随母哺乳的犊牛最好采用电烙法。

(三)称重和编号

留作种用的犊牛，称重应按育种和实际生产需要进行，一般在初生、6月龄、1岁、第一次配种前予以称重。称重应在早晨饲喂前进行。在犊牛称重的同时，还应进行编号，以便于管理，并记录于档案之中，以利于育种工作的进行。养牛数量少时可以从牛毛色和外形的差异，加以区分。但数量多时必须进行编号。编号最常用的方法是按牛的出生年份、牛场代号和该牛出生的顺序号等。前2位数字为出生年，第三位数字代表牛场号，以后为牛的顺序号。有些在数字之前还列字母代号，表示性别、品种等。生产上常用的标记方法有：

1. 剪耳法　用剪号钳在牛耳朵的不同部位剪上豁口，表示牛的编号。小型牛场可采用此法，在犊牛断奶之前进行。剪口要避开大血管，减少流血，剪后用5%碘酊处理伤口。缺点是容纳数字位数少，远处难以看清，不好辨认，且不美观。

2. 金属耳标法　通常用合金铝冲压成阴阳两片耳标，用数字钢签在阴阳两片外侧分别打上牛的编号，然后把阴片中心管穿过牛耳朵下半部毛较稀、无大血管之处，阳片在耳朵另一侧把中心管插入对侧穿过来的阴片中心管中，再用专用耳号钳端凸起夹住两侧耳标中心孔用力挤压，使阴阳两片中心管口撑大变形而固定，手术处用5%碘酊消毒。此法美观、经济，但金属耳标面积小，不靠近牛，很难看清。

3. 塑料耳标法　用耐老化、耐有机溶剂的塑料制成软的耳标，用塑料染色笔把牛的编号写到耳标正面，然后把耳标拴在牛耳下侧血管稀少处，穿进牛耳穿过耳标孔，把耳标卡住。由于塑料可制成不同颜色，标志更鲜明，并可利用不同颜色代表一定内容，因为面积大，编号数字也大，一般距牛2米处也能看清，故使用较广。缺点是放牧时易丢失，须及时补挂。目前，此法结合动物的免疫，正在各地大力推广。

4. 热烙打号法　在犊牛6月龄前，选择晴朗的天气将牛绑定牢靠，把烧热的号码铁按在牛尻部，把皮肤烫焦，痊愈后留下不长毛的号码。这种方法牛很痛苦，挣扎时常把皮肤烫成一片而不显字迹。烫后若感染发炎，也使字迹模糊。此法能将编号终身存在于牛体，成本低，字体随牛生长而变大，几米以外均可看清，所以也较多使用。

5. 冷冻打号法　冷冻打号法是用液态氮把钢制号码降温到－197℃，使犊牛侧卧，把打号处(通常在体侧或臀部平坦处)尽量用刷子清理干净，用酒精湿润后用从液氮中取出的钢制号码按压在该处。冷冻打号牛不感痛苦，易得清晰的字迹，但操作繁琐，成本较高。

(四)分栏分群管理

不同月龄的犊牛对饲料、环境条件等的要求不同，因此混养对饲养管理与犊牛健康都不利。肉用犊牛应按月龄、体格大小和性别等进行分群，每群30～50头，分群后固定专人进行饲养管理。一般小规模拴系饲养的母牛舍内，都设有产房及犊牛栏，但无犊牛舍。大规模牛场或散养式牛舍，才另设犊牛舍及犊牛栏，犊牛栏分单栏和群栏2类。犊牛出生后即在靠近产房的单栏中饲养，1月龄后过渡到群栏，同一群栏犊牛的月龄应一致或接近。犊牛栏要经常打扫消毒，及时更换垫草，防止疾病传播。分栏管理要做好防寒保温和防暑降温工作。冬季天气严寒，风大，特别在我国北方，要注意犊牛舍的保暖，防止穿堂风。若是水泥或砖石地面，应铺垫麦秸、锯末等，舍温不可低于0℃。夏季炎热时在运动场搭建凉棚，以免中暑。

（五）运　动

运动对促进犊牛的采食量和生长发育都很重要，应安排运动场。7日龄以内的犊牛适应环境的能力较差，通常不要到户外活动。犊牛从出生后8～10日龄起，开始在犊牛舍外的运动场做短时间的运动，以后逐渐延长时间。如果犊牛出生在温暖的季节，开始运动日龄还可提早。活动时间的长短应根据气候及犊牛日龄来掌握。雨天，1月龄以下的犊牛不能到室外活动。

（六）定期消毒、防疫

犊牛舍或犊牛栏要定期进行消毒，冬季每月至少进行1次，夏季10天1次。用苛性钠、石灰水、来苏儿或高锰酸钾液对地面、墙壁、栏杆、饲槽、草架全面彻底消毒。如发生传染病或有死畜，必须对其接触的环境及用具做临时突击消毒。对犊牛要进行防疫注射，预防接种根据当地牛疫病流行情况，有选择地进行。犊牛3周以内最易患病，如脐带炎（多见夏天和气候炎热地区）、感冒、肺炎（多见寒冷地区）和消化器官疾病，可通过加强饲养管理来预防。发现病牛及早向兽医人员报告，及时治疗。

(七)饲料、牛体和用具卫生

严格的饲养管理要做到饲料净、牛体净和工具净。饲料净是指牛饲料不能有发霉变质和冻结冰块现象，不能含有铁丝、铁钉、牛毛、粪便等杂质。禁用超过保存期的配合饲料，自制混合料要现喂现配。夏天气温高时，饲料拌水后放置时间不宜过长。

牛体净就是保证犊牛不被污泥、浊水和粪便污染，减少疾病发生。犊牛在舍内饲养，其皮肤易被粪便和尘土黏附而形成皮垢，这样不仅降低皮毛的保温与散热力，也会使皮肤血液循环受阻，易患病。所以，坚持每天 1～2 次刷拭牛体，促进牛体健康和皮肤发育，减少内外寄生虫病。冬天牛床和运动场上要铺放麦秸、稻(麦)壳或锯末等褥草垫物。夏季运动场宜干燥、遮荫，并且通风良好。

工具净是指喂奶和喂料工具要保持清洁，如果用具脏，极易引起犊牛腹泻、消化不良、胀气等疾病，所以每次用完的奶具、补料槽、饮水槽等一定要洗刷干净，保持清洁。

(八)去　势

如果是专门生产小白牛肉，公犊在没有表现出性特征之前就可以达到市场收购体重。因此，就不需要对公牛加以去势。若利用育成牛肥育，一般小公牛 3～4 月龄进行去势。阉牛生长速度比公牛慢 15%～20%，而脂肪沉积增加，牛肉质量改善，适于生产高档牛肉。去势的方法可以采用手术法、去势钳法、锤砸法，亦可采用药物注射法。

手术法去势时前对牛进行健康检查，注意有无隐睾或阴囊疝，要适当限饲，去势应在术前 1 周或在术前 1 天注射破伤风类毒素，采取站立或横卧保定，术部消毒后即可进行手术，必要时可行局部皮下浸润麻醉或精索内麻醉。术者左手握住阴囊颈部，将睾丸挤向阴囊底，使阴囊壁紧张。在阴囊底部，垂直阴囊缝处做一横切口，挤出两侧睾丸，结扎精索后切除。或术者左手握住阴囊底部皮肤，右手持刀（或剪刀）切除阴囊底部皮肤 2～3 厘米长，然后切开总鞘膜，挤出睾丸，分别结扎精索后切除。

用去势钳法去势时，去势钳隔着阴囊皮肤夹住精索部用力合拢钳柄，听到类似肌腱被切断的声音，继续钳压几分钟，缓慢松开钳，在钳夹下方 2 厘米处再夹 1 次。同法夹断另一侧精索。术部皮肤涂碘酊消毒。

用锤砸法去势时，用两个木棍夹住阴囊颈部，使一侧睾丸的阴囊壁紧张，阴囊底朝上，用棒锤对准睾丸猛力捶打，将睾丸实质击碎，然后用手掌反复挤压至呈粥状感即可。阴囊皮肤涂碘酊消毒。

后两种方法去势后阴囊极度肿大，需每天早晚牵遛运动，经 1 个月左右，肿胀消失，睾丸萎缩。

（九）防止舔癖

犊牛舔癖指犊牛互相吮吸，是一种极坏的习惯，危害极大。其吮吸部位包括嘴巴、耳朵、脐带、乳头、牛毛等。吮吸嘴巴易传染疾病；吮吸耳朵在寒冷时容易造成冻疮；吮吸脐带容易引发脐带炎；吮吸乳头导致犊牛成年后瞎乳头；吮吸牛毛容易在瘤胃内形成许多大小不一的扁圆形毛球，久之往往堵塞食道沟或幽门而致死。防止舔癖，首先，犊牛与母牛要分栏饲养，定时放出哺乳，或犊牛单栏饲养；其次，犊牛每次喂奶完毕，应将犊牛口鼻部残奶擦净，对于已形成舔癖的犊牛，可在鼻梁前套一小木板来纠正。同时，避免用奶瓶喂奶，最好使用水桶。

（十）勤打扫、勤换垫草、勤观察

犊牛的管理要做到勤打扫、勤换垫草、勤观察。并做到“喂奶时观察食欲、运动时观察精神、扫地时观察粪便”。健康犊牛一般表现为反应灵敏、眼睛明亮、耳朵竖立、被毛光泽，否则就有生病的可能。特别是患肠炎的犊牛常常表现为眼睛下陷、耳朵下垂、皮肤包紧、腹部蜷缩、后躯粪便污染;患肺炎的犊牛常表现为耳朵下垂、伸颈张口、鼻中有异样分泌物。其次注意观察粪便的颜色和黏稠度及肛门周围和后躯有无脱毛现象,脱毛可能是营养失调而导致腹泻。另外,还应观察脐带,如果脐带发热肿胀,可能患有急性脐带感染,还可能引起败血症。

四、技术考核指标和劳动定额

(一)技术考核指标

犊牛各项技术指标也是衡量饲养人员工作成绩的指标。

犊牛断奶成活率>98%,身体健康,无疾病。2 月龄体重达到 100 千克以上,4 月龄体重达到 180 千克以上,6 月龄体重达到 250 千克以上。

(二)劳动定额

犊牛饲养管理工作较细致,劳动量大。随母哺乳情况下,劳动定额为 70 头/人;应用保姆牛法情况下,劳动定额为50 头/人;人工哺乳条件下,劳动定额为 40 头/人。

思 考 题

1. 初乳的特性与作用是什么?
2. 人工哺乳注意事项有哪些?
3. 早期断奶的优点有哪些?
4. 初生犊牛管理要点是什么?
5. 如何进行犊牛编号?

第六章 肥育牛的饲养管理

一、肥育原理

肉牛肥育主要是以提高日增重、生产更多优质牛肉，进而获得最大经济效益为目的。所谓肥育，就是必须使日粮中的营养成分含量高于牛本身维持(成年牛)和正常生长发育(幼龄牛)所需的营养，促进肌肉组织的快速生长，并使多余的营养尽量以脂肪的形式沉积于体内，获得高于正常生长发育的日增重，缩短出栏日龄，达到按期上市或提前出售的过程。

日增重受到生产类型、品种、年龄、营养水平和饲养管理方式的影响，同时确定日增重必须考虑经济效益和牛的健康状况。在我国现有生产条件下，最后3个月肥育的日增重以1～1.5千克最为经济。提高日增重，可以在短期达到最大产肉量。在肉牛肥育过程中应特别注意牛肉的品质。不同生长发育阶段和不同的营养供给方式对牛肉产量和品质有较大影响，所以在肉牛肥育过程中，要根据不同的品种、生长发育阶段和产品销售市场定位确定日粮标准。如果要达到相同的日增重，则非肉用品种牛所需的营养物质高于肉用品种和肉用杂种。幼龄牛以肌肉、骨骼和内脏为生长重点，所以饲料中蛋白质含量应高一些。成年牛主要是沉积脂肪，所以饲料中能量应高一些。由于两者增重成分不同，单位增重所需的营养量以幼龄牛最少，成年牛最多。当脂肪沉积到一定程度后，成年牛的生活力降低，食欲减退，饲料转化率降低，日增重减少，必须及时出栏，以免浪费饲料。公牛增重极快，每单位增重平均消耗草料几乎较母牛低10％以上，阉牛则介于公、母牛之间。

母牛则在饲养水平高的时候较公牛易于沉积脂肪，达到“雪花”肉标准。

另外，市场需求不同，营养供给也不同，如出口到日本、韩国市场时，要求生产高脂肪且在肌肉中分布均匀的牛肉，肥育期日粮营养供给应采取先低后高、先中后高或者一直保持高营养的供给方式；如要出口欧洲市场，则要求生产低脂肪牛肉，宜采取中等营养供给方式。

总之，在肉牛肥育环节上应根据产品供应的市场、牛场的条件和地理位置条件来决定选用何种牛（年龄、品种、性别），用什么日粮，用什么方法肥育，以取得最大的经济效益。

肉牛肥育有多种方式。按牛的年龄可分为犊牛肥育、幼龄牛肥育和成年牛肥育；按性别可分为公牛肥育、母牛肥育、阉牛肥育等；按肥育所采用的饲料种类分为干草肥育、秸秆肥育和糟渣肥育；按饲养方式可分为放牧肥育、放牧＋补饲肥育和舍饲肥育，也可分为持续肥育和吊架子肥育（后期集中肥育）。虽然牛的肥育方式各异，但在实际生产中往往是互相交叠应用的。

二、肥育原则

牛肥育期间，尤其是短期强度催肥，时间较短且要求保持较高的日增重，这就需要牛的日粮类型以及结构保持相对稳定，不能经常变换。牛的瘤胃需要一个恒定的内环境，如温度、酸碱度、厌氧条件、相对稳定的营养物质。饲料的改变和饲养方式的改变均会打破其平衡，从而影响消化吸收功能，降低日增重。牛在肥育期间，放牧和舍饲的饲养方式改变，精粗饲料比例结构变化，青草与干草的转换，都不利于牛的消化生理活动，突然变换不但影响育肥增重效果，甚至引起消化道疾病。如果需要改变，必须逐渐过渡，有 7～10 天的适应过程。

肥育牛的营养需要随年龄、体重和日增重高低而有差异。肥育期不宜过长,因随着牛体肥度增加,体质下降,食欲和饲料转化率随之降低,日增重下降,而且用于维持的热能反而增加,其结果是饲料报酬降低。因此应在较短的肥育期内,合理利用饲草饲料,根据营养需要合理配制日粮非常重要。

(一)幼龄牛肥育的营养需要特点

幼龄牛正处在快速生长发育阶段,是肌肉和骨骼增重快的时期,消化吸收的营养物质,除供生命活动消耗外,主要用于肌肉的生长,各组织器官生长和积存体脂。肌肉组织生长需要蛋白质营养多,此时如果蛋白质饲料少,而能量饲料很多,虽然能够获得较高增重,但增重部分以脂肪为主,不能利用幼龄牛肌肉生长迅速的特性取得高的饲料报酬,肌肉产量和肉的品质相对降低。

幼龄牛骨骼生长发育迅速,钙、磷等矿物质元素需要量大。因此幼龄牛育肥时的日粮也要考虑骨粉、食盐等矿物元素的供应,以保证骨组织的生长。

(二)成年牛肥育的营养需要特点

达到体成熟后的成年牛,各种组织器官生长发育结束,主要以增加体脂为主,肌肉的增加极少,所以肥育时蛋白质需要量不高。但饲料中蛋白质缺乏会影响日粮适口性和降低消化率,甚至引起消化功能紊乱,日增重降低。所以,成年牛肥育期间营养需要的特点是在适当维持一定蛋白质比例的前提下,主要提高能量饲料比例,提高饲料转化率,获得高的日增重。一般情况下,日粮中能量和蛋白质的比例为,肥育前期 75∶25,后期 80∶20 为宜。为了提高饲料转化率,增强食欲,成年牛肥育时食盐不可缺少。另外须添加钙磷饲料。

三、肥育方法

（一）放牧肥育

1. 饲喂要求　放牧肥育，一种是在全年气候适宜（最低温度在 0℃左右，而且冷季较短），四季牧草充足的地区，从犊牛到出栏整个过程完全采用草地放牧而不补饲的肥育方式。这种肥育方式适合于人口较少、土地充足、草地广阔、降雨量充沛、牧草丰盛的牧区。例如，澳大利亚肉牛肥育基本上以这种方式为主，犊牛出生至 18 月龄，体重达 400 千克出栏。

另一种是在有较大面积的草场，而且草场生产能力较高，牧草品种多样，基本能够满足肉牛肥育的营养需求，在夏秋季节组织青年牛和淘汰牛进行放牧肥育，可以大大降低生产成本，增加经济效益。在我国的广大牧区可以采用这种方式开展肉牛肥育。充分利用草地，节省精饲料和人工费用的开支。但只适于一般低档牛肉的生产。因为放牧肥育以粗饲料为主，出栏周期长；放牧行走耗费能量大，使牛难以获得较大的日增重，因此沉积脂肪也少，肉的口感和风味均较差；放牧牛运动量大，肌肉的颜色变深，结缔组织交联紧密，使肉质变硬。在同样营养水平下，放牧肥育方式的饲料转化率（增重）最低。

2. 管理要求　放牧肥育必须选择牧草丰盛，与水源、牛圈较近的天然草场或人工草场。肥育前给牛驱虫、免疫，条件许可时以全天放牧采食最佳，平均要有 400 克左右的日增重。保证肥育牛能饮上清洁的水，在放牧地或饮水地放置专用微量元素舔盐。其他饲养管理同育成牛。此外，还要注意牧场地势平整，无各种污染和蛇害、兽害。

(二)放牧＋补饲肥育

1. 饲喂要求 在人口较多,放牧场离固定圈舍较近的肉牛养殖场或养殖户,为了能获得更大的肥育效益,在夏秋草场生长旺盛的季节采用放牧＋补饲的肥育方式。白天组织肥育牛在草场放牧,归牧后夜间定时把配合料投入饲槽中让牛采食。配合料应按当地土壤及牧草情况配制。补饲精料每日每头1～3千克,可获得500～1 500克的日增重。对于从外地购入或从未喂过精料的牛,补料时必须从少到多,最少经7～10天的过渡期才能补到定量。牛每天饮水不少于3次。

此法简单易行,便于广大养牛户掌握使用,适宜山区、半农半牧区和牧区采用。由于以本地资源为主,花钱少,见效快。

2. 管理要求 我国北方广大牧区和半农半牧区,有大面积天然草地是肉牛生产重要基地。每年5月下旬开始,到10月下旬或11月初,全期150～165天进行放牧＋补饲肥育,根据草场情况和采食量科学安排补饲。早、晚饲喂少量青贮饲料、氨化饲料或干草,酌情补饲精料。在秋高气爽、牧草肥美的季节,也可延长白天放牧时间以利于抓膘。整个肥育期平均日增重600～1 000克,甚至1 200克以上。幼龄牛的总增重为100～130千克,成年牛80～120千克以上。

首先要根据牛群、气候、草场情况及肥育要求,做好放牧前的准备工作。

(1)选择放牧方式 一种方式是野营放牧,将牛群赶到较远的草场,草场上设有简易棚舍或围栏,供牛休息和补料,时间长达数月。这种方式在牧区常用。营地设在地势高燥、凉爽、有水源的地方。修好牧道,清理草场,对草场地形地势、牧草产量和质量调查清楚,做到心中有数。另一种方式是早出晚归,白天放牧,晚间赶回牛舍休息、补饲草料。这种方式多在半农半牧区或南方山地丘陵地带应用。牛群不宜过大且放牧路程较近，牛舍内备好饲草和饲料。

(2)组织好肥育牛源　供放牧＋补饲肥育的牛除肉用品种及其杂种外，凡不宜作种用的淘汰牛都可以肥育。须先经过兽医检查，将年老、无牙齿、瞎眼、跛足、消化器官有疾病的牛剔除。精选后进行检疫，并驱除体内外寄生虫。小公牛应去势。对淘汰役用牛，肥育前应休息2～3周，并经过调整后再进行放牧，对好斗的牛去角，牛蹄变形时及时修剪蹄。

(3)合理分群和组群　放牧＋补饲肥育牛分群原则，一是杂种肉牛与土种黄牛分开；二是按性别、年龄、体重、膘情等基本相近的组成一群，否则影响肥育效果。合理分群，阉牛单独组群，适宜远牧，如4～5千米以外，不能和母牛群混放牧，否则影响牛群的安静和采食。年龄不同采食性能也不同。老年牛游走慢，所以应按年龄将体质相近、膘情一致的牛分成一群，以提高放牧肥育效果，做到批量上市的目的。一群牛个体间体重差距不超过60千克为好。

放牧肥育牛群大小受很多因素的限制，在东北、新疆、宁夏、内蒙古、青海等省、自治区，有大面积牧区。草原辽阔，植被丰厚，牛群可在150～200头/群，甚至200头/群以上。干旱、半干旱草原4公顷草场可放牧青年牛2头，成年牛1头。丘陵地区、高原地区、半农半牧区或南方山区，草场不够宽广，且地形地势复杂，离水源偏远，以100～150头为一群，尤其在山高沟深，草场坡度大而分散，农田与草场交错或林间草场，10～20头为一群，或10头以内为一群。

(4)找好水源，注意水质　饮水充足是肥育成功的因素之一。放牧肥育饮水不足，影响采食量，自然增重随之降低，膘情变差。水质也很重要，清新的水可保证牛的健康、肉品的安全。无水草原不能放牧肥育，距水源很远的草场也不利于放牧肥育。选择河道水要求清洁，水流不急，河床平坦而宽阔，方便牛群进出，为了避免牛群污染水源,饮完后立即把牛群驱赶到离水源远的地方休息。利用井水或泉水时,要在水源附近设饮水槽(用木板、铁皮或水泥构成)。饮水槽的长短根据每头牛所占槽位制造。肉用杂种育成牛槽位 0.5～0.7 米,成年牛 0.8～1 米,土种黄牛育成牛 0.4～0.6 米,成年牛 0.6～0.8 米。长度为 10～13 米饮水槽,可同时饮 10～15 头牛,分批饮用。

根据季节和草场变化,夏季抓水膘,秋季抓油膘,做到肥育牛群夏壮秋肥。

(5)划区轮牧　实施划区轮牧可以使草地得到休整,均衡地提供质量好的牧草,利用效率提高 20%～30%。将草原按牛群分为大区,每群一个大区。每大区再分成若干小区,轮流放牧。每个小区 1 次放牧时间,应既能使牛只充分采食,而又使草地不致过度践踏,一般放牧 5～6 天。轮牧周期是根据采食以后草长恢复到应有高度的时间来确定,一般 30～40 天,按此计划需 5～7 个小区。轮牧次数,因草场类型、气候和水源条件而有很大差异,一般草场2～4 次。

(6)夏季放牧　避开烈日防止中暑,减少蚊蝇侵扰,促夏膘保体壮。上午早出早归,下午要晚出晚归,中午牛群在阴凉处卧息。选择凉爽、饮水方便、蚊蝇少的草地放牧。为了使牛脱毛后膘情尽早转变(老乡叫上水膘),每天尽量延长放牧采食时间,可进行夜牧。早、晚可顺风放牧,热时顶风放牧,不让日光直射牛的头顶和眼睛。要注意防暑降温,每日饮水 3～4 次。牛休息时,可用烟熏法驱赶牛虻、蚊蝇。每天放牧时间 8 小时以上,让牛吃饱饮足,勤休息充分反刍。

(7)抓好秋膘,提高肥育期的日增重　秋高气爽蚊蝇较少,牛食欲旺盛,采食量大,正是抓膘提高日增重的好时节(老乡叫上油膘)。秋季可延长放牧,并实行夜牧,每昼夜放牧 10 小时以上。一般阳坡的草比阴坡先枯,坡上的比沟下的先枯,沙地的草枯萎最迟。因此，放牧应由阳坡到阴坡，由山上到沟里，最后在沙地草场放牧。秋季放牧，一要防止牛吃露水草或雨天到豆科草地放牧，否则易引起牛的瘤胃臌胀；二要经常注意气候变化，秋风秋雨较多，在放牧时，如遇急风暴雨，不得驱赶过急，严防出汗，农民说“出汗水如出油”。放牧员做到眼勤、手勤、腿勤。在草场安排上，应把离水源较近的好牧场用作肥育草场。牧民称“有膘无膘在于草，膘好膘坏在于水”，说明水草同等重要。

(8)合理补饲　不宜在出牧前或收牧后立即补料，应在回舍后过几小时补饲，每日每头补饲精料 1～3 千克，否则会减少放牧时牛的采食量。

(三)舍饲肥育

舍饲肥育方式是一种肉牛从肥育开始至出栏全部实行圈养的肥育方式。随着肉牛养殖业逐渐趋向于集约化生产，分工精细的格局正在形成，专门化的肥育场将大量出现是发展的必然。全舍饲肥育分工细、机械化程度高、人为控制程度高，是集约化生产的体现。虽然全舍饲投资大，肥育过程中需要较多的精料，肥育成本高。但在这种模式下使用土地少，饲养周期短，易于执行标准化的生产流程，生产的牛肉质量好、安全、有市场竞争力，效益高，资源浪费小。舍饲条件下针对不同生长发育阶段的牛，舍饲的饲养管理要求不同，产品也不同。

1. 白牛肉生产　白牛肉也叫“小白牛肉”。是指犊牛在出生至 14～16 周龄的时间内，完全用全乳、脱脂乳或代乳料饲喂，使其体重达到 95～125 千克，屠宰后所产的肉。肉色略淡，呈微白色或稍带浅粉色，近似鸡肉。白牛肉中极少脂肪，其肉质十分细嫩多汁，适合于中西餐等任何烹饪方法。特别是用于西餐味道更加鲜美，带有乳香气味，是一种高档肉类。

白牛肉的营养价值极高，蛋白质比一般牛肉高 63.8%，脂肪比一般牛肉低95.5%，各种人体所需的氨基酸和维生素齐全，是维生素A、维生素B_{12}、维生素B_6、生物素、烟酸、泛酸、硫胺素等营养物质的良好来源，又是磷、铜、锌等多种矿物质的良好来源。经中国农业科学院专家鉴定，小白牛肉是当今世界上在人们所食的肉类中最高档的营养品，具有特殊的保健功能。特别是能增强人体抵抗力，对病人或施过手术的人在恢复失血、修复组织和伤口愈合等方面有显著的促进作用。由于生产白牛肉的犊牛不喂任何植物性饲料，饲养管理要求严格。因此，白牛肉生产不仅饲养成本高，牛肉售价也高，其价格是一般牛肉价格的8～10倍。

(1)*饲喂要求*　生产小白牛肉的犊牛在饲喂过程中要注意两个方面。其一，在最短期间内获得最大体重；其二，保证小白牛肉具有浅红至白色、多汁鲜嫩的肉质，在饲喂过程中给予足够的全乳或代乳料，不能吃草和其他粗饲料。代乳料中铁的含量要低，营养物质含量须满足犊牛需要量。

代乳料配方1：玉米30%、(熟)豆饼20%、高粱5%、小麦麸10%、胡麻饼10%、生物蛋白10%、燕麦或小麦12%、食盐1%、骨粉2%。每千克加维生素A 1 000～2 000单位、微量元素适量(黄应祥等)。开始饲喂时可把代乳料调成糊状，饲喂20～30天后改为干料。

代乳料配方2：50%大麦，25%千克大豆饼或棉籽饼，10%糖蜜，10%麦麸，1%磷酸氢钙，1%加食盐，0.5%抗生素(根据情况)，2.5%微量元素维生素预混料，其中每千克饲料加入25 000单位维生素A及5 000单位的维生素D饲。营养成分为粗蛋白质19.9%、粗纤维5.3%、粗脂肪2.6%、钙0.47%、磷0.68%。吃初乳3天以后，第一天哺乳4～5次，每次5分钟。从第四天起全部喂代乳料，以后必须坚持喂代乳料，不能与牛奶交替使用。

(2)*管理要求*　犊牛要选择优良的肉用品种、乳用品种、兼用品种或杂种牛犊。要求初生重在38～45千克，身体健康、反应灵敏、眼亮毛光、生长发育快、消化吸收功能强。性别最好选择公牛犊。3月龄前的平均日增重必须达到0.7千克以上。

①饲喂：犊牛出生后1周内，一定要吃足初乳以提高机体免疫力，减少疾病（尤其是胃肠炎和肺炎）的发生。出生3天后应与母牛分开，单栏饲养。实行人工哺乳，每天哺喂3次。生产小白牛肉每增重1千克约需消耗10千克奶，很不经济，因此，近年来采用代乳料或人工乳的喂养方式越来越普遍。用代乳料或人工乳平均每生产1千克小白牛肉约消耗1.3千克。代乳品或人工乳如果不采用工厂化批量生产，其成本反而会高于全乳。所以在小规模生产中，使用全乳喂养可能效益更好。实践证明，采用全乳比用代乳料的牛日增重高。犊牛喂1周初乳后开始喂代乳料或人工乳，代乳料用50℃～55℃温水溶解搅拌还原成乳状，凉至40℃时哺喂。对4周龄以内的犊牛，哺乳要做到定时、定量、定温、定人，并保证奶及喂奶用具的卫生，以预防消化不良和腹泻的发生。夏季奶温控制在37℃～38℃，冬季以39℃～42℃为宜。代乳料最初与全乳混合饲喂，过渡2周左右适应后单独喂。

管理上应严格控制乳汁和代乳料中铁的含量，使犊牛在缺铁条件下生长，这是小白牛肉生产的关键技术。为了避免小牛接触到含铁的东西，饮用水必须检测，如果含铁量过高则应加装铁质过滤器。最好用木制的牛栏。

②牛栏：小犊牛应饲养在独立的犊牛栏，有条件的可设漏缝地板，便于冲洗粪尿，牛栏装置全部为木质，栏外设奶桶和水桶。牛栏间设隔板，避免犊牛间舔食。牛栏面积只够犊牛起卧，以减少运动消耗。

③牛舍：设有牛栏的牛舍应保证冬暖夏凉。冬季舍内温度不低于5℃，防止冷风直接吹到牛体；夏季舍内温度不高于25℃，注意通风换气，洒水降温，消灭蚊蝇、鼠害。因犊牛高度依赖人为条件，饲料结构也与其消化生理不符，而极易患病，因此每15天进行

全舍消毒,每天清扫牛栏、牛舍。

④刷拭:因犊牛的环境狭窄,运动量非常小,因此经常出现反常的动作,如啃木栏、嚼舌头等。因此要经常对其进行刷拭,一方面可清洁其体表污物,另一方面可给予其慰藉。刷拭从头至尾,从背部至腹部,用硬刷顺次刷拭,每天 2 次,每次5～10 分钟。

⑤观察:饲养员应注意观察犊牛表现、鼻镜、排粪尿情况及肛门周围有无粪便黏附。发现异常及时向兽医人员报告。

2. 小牛肉生产

(1)饲喂要求　小牛肉主要是指犊牛出生后饲养、肥育至1 周岁之内屠宰所产的牛肉。由于小牛肉鲜嫩多汁,蛋白质含量高而脂肪含量低,风味独特,营养丰富,是一种理想的高档牛肉,深受市场的青睐,是高级宾馆饭店的主要烹饪原料,近年来国内开始有少量生产。小牛在 1 岁内屠宰,生长时间短,为了提高小牛肉的生产率,在饲喂期间对犊牛的饲养和肥育应严格执行营养需要和饲养程序。小牛肉要求鲜嫩多汁,肉质呈淡粉红色,胴体表面均匀覆盖一层白色脂肪。哺乳期可用全乳或代乳品。在全乳或代乳品中补加铁和铜,一方面增加了肉的色度,提升肉品质;另一方面还可以减少犊牛疾病的发生。

(2)管理要求　生产小牛肉应尽量选择早期生长发育速度快的牛品种。因此,肉用牛的公犊、淘汰母犊以及奶牛公犊是生产小牛肉的最好选材,公犊牛最佳。一般要求初生重在 35 千克以上,健康无病。目前在我国还没有专门化肉牛品种的条件下,应以选择荷斯坦牛公犊和肉牛高代杂种公犊牛为主,利用公犊前期生长快、肥育成本低的优势,开展高效益养殖。

小牛肉生产实际是犊牛正常生长与肥育同时进行的过程。但由于生产目的不同,管理上也有区别。犊牛出生后 3 天内可以采用随母牛哺乳也可采用人工哺乳,但出生 3 天后必须改由人工哺乳,1 月龄内按体重的 8%～9%喂给牛奶,也可以采用代乳料饲喂。7～10 日龄开始训练采食精料，习惯采食后逐渐增加喂量，到 1 月龄达到 0.5～0.6 千克。15 日龄后训练吃草，提供优质青干草或青草任其自由采食。1 月龄后喂奶量保持不变，精料和青干草则继续增加，直至肥育到 6 月龄为止。此阶段也可出售，也可继续肥育至 7～8 月龄或 1 岁出栏。出栏时期的选择，根据客户要求而定。

小牛肉生产过程中为了尽量发挥犊牛的生长发育潜力，代乳料和肥育精料的饲喂一定要质量可靠，数量充足。1 月龄后，犊牛增重潜力逐渐提高，营养需求也逐渐由以奶为主向以草料为主过渡。因此，为了提高增重效果、减少疾病发生，肥育精料应具有高热能、易消化的特点，并加入少量抑菌药物。在采用代乳料的情况下，夏季温度控制在 37℃～38℃，冬季以 39℃～42℃ 为宜。2 周龄后，奶的温度可逐渐降低至30℃～35℃。冬、春季因青绿饲料缺乏，可添加维生素 A。

在天气晴朗时应让犊牛到室外晒太阳，但要控制运动量。5 周龄以后可拴系饲养，减少运动，但每天应晒太阳 3～4 小时。夏季要注意防暑降温，冬季宜在舍内饲养，舍温应在 0℃以上。犊牛肥育的最适温度为 18℃～20℃，空气相对湿度 80%以下。公犊可不用去势。小牛肉生产中应控制不要让犊牛接触泥土，所以肥育牛栏多采用漏缝地板。犊牛在肥育期内每天喂 2～3 次，自由饮水，夏季可饮凉水，冬季饮 20℃左右的温水。犊牛发生软便时，不必减食，可以在饮用温开水中加点盐，但给水量不能过多，以免造成“水腹”。若出现消化不良，可酌情减喂精料，结合药物治疗。如腹泻不止，有顽固性症状时，应进行停食，并注射抗生素类药物和点滴补充体液。在乳中加入抗生素，可以预防胃肠道疾病和呼吸道疾病。

犊牛精料应具有适口性好、营养价值高、易消化的特点，每日分 2 次投喂，20 分钟内吃完为宜。

3. 育成牛持续肥育 利用牛早期生长发育快的特点，在犊牛5～6月龄断奶后直接进入肥育阶段。提供高营养水平，进行强度肥育，在13～24月龄体重达到360～550千克时出栏。这类牛肉鲜嫩多汁、脂肪少、适口性好，属于高档牛肉的一种，是国内外肉牛肥育的主要方式。要求精料充足，饲养条件好。

育成牛的肥育全过程采用舍饲，不进行放牧，始终保持较高的营养水平，直到出栏。采用该种方法，肉牛生长速度快，饲料利用率高，饲养周期短，所以肥育效益高。

(1)*饲喂要求* 肥育可分3期进行：适应期。刚进入肥育舍的断奶犊牛不适应环境，需有1个月左右的适应期；增肉期。一般要持续7～8个月，分为前期和后期；催肥期，主要是促进脂肪沉积，一般为2个月。

从市场购回断奶犊牛有的是经过长距离、长时间运输进行异地肥育的断奶犊牛，由于胃肠食物少，体内严重缺水，应激反应大。因此，第一次饮水量应限制在10～20升，切忌暴饮。如果在饮水中加入人工盐100克/头，则效果更好。第一次饮水3～4小时后第二次给水，此时可自由饮水，水中如能掺些麸皮则更好。当牛饮水充足后，便可饲喂优质干草。第一次应按每头牛4～5千克限量饲喂供给，第二、第三天逐渐增加喂量，5～6天后才能让其自由采食。青贮料从第二、第三天起饲喂。精料从第四天开始供给。并逐渐增加。开始时按牛体重的0.5%供给精料，5天后按1%～1.2%供给，10天后按1.6%供给。经15～20天适应期后，采用自由采食，使每头牛采食到足够的饲料，且节约劳力。由于牛只不同时采食，可减少饲槽。

育成牛持续肥育饲料配方举例如下。

①酒糟型饲料配方：酒糟10～30千克，杂干草、青贮料或氨化秸秆30千克，骨粉50克，食盐10～30克，尿素30～59克，小苏打10～15克，混合精料1～2千克(成分为：玉米70%、麸皮20%、

豆饼 10%)。在这个配方中必须加维生素 A 和维生素 D 及乳酸钙,以防出现长期喂酒糟造成腿拐和眼瞎的问题。肥育牛为西门塔尔改良牛(程之渊等)。

三阶段肥育法,第一阶段,每日每头喂酒糟 5 千克、谷草 2.5 千克、玉米面 1 千克、尿素 50 克、食盐 50 克、生长素适量;第二阶段每日每头喂酒糟 20 千克、谷草 25 千克、玉米面 1 千克、尿素 60 克,食盐 100 克、生长素适量;第三阶段,每日每头喂酒糟 25 千克、玉米面 1 千克、尿素 80 克、食盐 100 克、生长素适量。肥育方法:选择 2~6 月龄杂交牛,体重 150~200 千克,时间 105 天,在体重达 350~400 千克时出栏。平均日增重 1.2 千克(李英)。

②饼粕型饲料配方:豆饼类配方:大豆产区可用下列配方。在干草随意采食的情况下,加混合精料 5 千克,其成分为玉米 74%、豆饼 14%、麸皮 10%、食盐 1%和骨粉 1%。选择 19~20 月龄牛,肥育期 234 天,平均日增重 1.23 千克,平均屠宰率 60%,肉嫩度为 5,屠体表面脂肪覆盖率达 80%,脂肪色白,肌肉断面呈樱桃红色,肌间脂肪大理石状、分布均匀,肉质口感好,无残渣。

棉籽饼类配方:在棉籽产区可用此配方。混合精料配比:棉籽饼 55%、玉米面 20%、麸皮 20%、杂粮及其他矿物质 5%。选荷斯坦杂公犊在 2~8 月龄每日平均喂料 2.86 千克,9~12 月龄时每日饲喂量 5 千克(李英)。

用晋南牛作早期强度肥育分两个阶段,前一阶段为 150~250 千克体重,后一阶段为 250~400 千克体重。这两阶段分别补喂苜蓿干草 0.5 和 0.8 千克。精料配方为:第一阶段,玉米 55%、棉籽饼 26%、麸皮 16%、骨粉 1.5%、食盐 1%、小苏打 0.5%;第二阶段,玉米 61%、棉籽饼 18%、麸皮 18%、骨粉 1.5%、食盐 1%、小苏打 0.5%。

③玉米加草粉型饲料配方:在有一定打草条件的地方,添加草粉具有经济意义。

苜蓿粉混入精料，其精料配比为：玉米63.5%、麻饼5%、豆饼6%、麸皮14%、苜蓿粉10%、贝壳粉1%、食盐0.5%。育肥按三期进行，前期喂精料2千克，中期3千克，后期4千克。

④青贮型饲料配方：玉米青贮36千克，精料2千克，糖蜜0.8千克。此配方每千克增重需8.5千克日粮（干物质）；玉米青贮31千克，加干草1.7千克，精料2千克，糖蜜0.8千克。此配方每千克增重需8.2千克日粮（干物质）；玉米青贮25千克，干草3.3千克，精料和糖蜜量同上。此配方每千克增重需7.3千克日粮（干物质）。这三种日粮的食盐为每日30克、矿物质40克。

⑤谷物子实及其副产品型饲料配方：以麸皮为主的配方：玉米23%、麸皮45%、棉仁饼10%、菜籽饼5%、胡豆5%、骨粉1.5%、食盐0.5%。肥育日粮由混合精料1～2千克，干草3～4千克，青饲料8～12千克组成。每千克日粮含净能2.03兆焦，可消化粗蛋白质151克组成（安捷等）。

以玉米为主的配方根据粗饲料的不同，选择不同的精料配方。以青绿饲料为主的情况下，配方为：玉米83%、高粱15%、石粉1.5%、食盐0.5%；以豆科干草、青贮为主或蛋白质已能满足的情况下，配方为：玉米88%、高粱10%、石粉1.5%、食盐0.5%、维生素A 10万单位/千克。以青草为主的情况下，配方为：玉米68%、麸皮10%、高粱14%、饼类5%、石粉2%、食盐1%。以豆科牧草、青贮、干草、氨化秸秆为主的情况下，配方为：玉米58%、麸皮25%、高粱15%、骨粉1%、食盐1%、维生素A 10万单位/千克。

以糠麸类为主的配方按三阶段肥育的精混料配方不同分别为：肥育初期，米糠15%、麸皮30%、豆粉15%、甘薯片38%、骨粉1%、食盐1%；肥育中期，米糠10%、麸皮30%、豆粉10%、甘薯片48%、骨粉1%、食盐1%；肥育后期，米糠5%、麸皮30%、豆粉5%、甘薯片58%、骨粉1%、食盐1%。

(2)管理要求

①隔离观察：从市场购回断奶犊牛，入场前进行隔离观察饲养。观察牛的精神状态、采食及粪尿情况，如发现异常现象，要及时向兽医人员报告。

②分群：隔离观察结束时，根据牛的年龄、品种、体重分群，目的是使肥育达到更好效果。一般10～15头牛分为一栏。分群当晚管理人员应不时地到牛舍查看，如有格斗现象，应及时处置。几天后牛即可合群。

③驱虫：为了保证肥育效果，对购进的肥育牛应驱除体内寄生虫。驱虫可从进场的第五至第六天进行，驱虫3天后，每头牛口服“健胃散”350～400克健胃。驱虫可每隔2～3个月进行1次。

④合理去势：公犊肥育时可不去势。试验表明，公牛在2岁前不必去势，肥育后不仅生长速度快，而且胴体品质好，瘦肉率高，饲料报酬高。2岁以上公牛去势后肥育较好，否则不但不便于管理，且肉质会有膻味，影响胴体品质。

⑤运动：肉牛既要保证一定的活动量，又要让它的活动受到一定的限制。前者是为了增强牛的体质，提高其消化吸收能力，保持旺盛的食欲。而限制牛的过量活动，则主要是为了减少能量消耗，利于肥育。因此，肥育牛可散养在围栏内，每头牛占地4～5平方米。

⑥刷拭：刷拭可促进牛体血液循环，增加牛的采食量，清洁牛体，减少蚊蝇。刷拭必须彻底，从前到后，从上到下，刷遍全身。每日2次，饲喂后进行。

⑦保持牛舍卫生：肥育牛入舍前，对肥育牛舍地面、墙壁用2%火碱溶液喷洒消毒，器具用0.01%新洁尔灭或0.1%高锰酸钾溶液消毒。进舍后，每天清扫牛舍，上午和下午各1次，清除污物和粪便。清扫粪便与饲养工作由不同的人完成，每隔15天或1个月应对用具、地面消毒1次。

4. 架子牛肥育 犊牛断奶后在较粗放的饲养条件下饲养到12月龄以上，骨骼得到相当程度发育，此时的牛称为架子牛。架子牛肥育就是将这些未经肥育的架子牛集中肥育3～6个月，充分利用牛的补偿生长能力，达到理想体重和膘情时出栏屠宰，这种肥育方式也称异地肥育。其肥育成本低，精料用量少，经济效益较高，是目前广泛应用的方式。

应选择身体健康、被毛光亮、精神状态良好的架子牛用于肥育。牛的年龄应在1～2岁。1岁以下的牛肥育所需要的时间较长，而超过2.5岁的牛生长速度缓慢，肥育成本高。另外，架子牛要有适宜的体重。一般认为，在同一年龄阶段，体重越大，体况越好，肥育时间就越短，肥育效果也好。杂种牛体重大致为：6月龄体重为120～180千克，12月龄体重为180～250千克，18月龄体重为220～310千克，24月龄体重为280～380千克。架子牛要注意选择杂种牛，利用杂种优势。首先要选良种肉牛或肉乳兼用牛及其与本地牛的杂种。其次选荷斯坦公牛及其与本地牛的杂交后代。如我国地方品种用西门塔尔牛和短角牛改良后产肉、产奶能力得到了提高；用安格斯牛改良，后代抗逆性强，早熟，肉质上乘；用海福特牛改良，能提高早熟性和牛肉品质；用利木赞牛改良，牛肉的大理石花纹明显改善；用夏洛莱或皮埃蒙特牛改良，后代的生长速度快，瘦肉率、屠宰率和净肉率高，肉质好。在我国地方黄牛中，体型较大、肉用性能较好的有秦川牛、南阳牛、鲁西牛、晋南牛等优良品种。

2岁前肥育出栏的架子牛不必去势。

近年来，在肉牛生产中对双肌越来越重视。双肌是肉牛肌肉过度发育的形象称呼。双肌牛生长快、胴体脂肪少而肌肉多。双肌牛胴体的脂肪比正常少3%～6%，肌肉多8%～11.8%，有的高达20%，骨重较正常牛少2.3%～5%。因此，有基础的地方要选择双肌牛与普通牛的杂交后代进行肥育。

(1)饲喂要求

①分阶段饲喂：架子牛肥育采用分阶段饲养。如架子牛快速肥育(需要120天左右)可以分为3个阶段。

第一阶段为过渡期，约30天。对刚从草原买进的架子牛，进行驱虫，实施过渡饲养，即首先让刚进场的牛自由采食粗饲料。粗饲料不要铡得太短，长约5厘米。上槽后仍以粗饲料为主，可铡成1厘米左右。精料每日每头饲喂量为0.5千克，与粗饲料拌匀后饲喂，并逐渐增加至2千克。

第二阶段从第30天到第60天。此阶段架子牛的干物质采食量要逐步达到8千克，日粮粗蛋白质水平为11%，精粗比为60∶40，日增重1.3千克左右。精料参考配方为，玉米粉70%，棉籽饼20%，麸皮10%，每日每头补充20克食盐与50克微量元素和维生素预混料。

第三阶段从第61天至120天。此期干物质采食量达到10千克，日粮粗蛋白质水平为10%，精粗比为70∶30，日增重1.5千克左右。精料参考配方为，玉米粉85%，棉籽饼10%，麸皮5%，每日每头补充30克食盐与50克微量元素和维生素预混料。

②饲喂方式：饲喂方式有小围栏饲喂、定时上槽拴系、下槽运动场休息和全天拴系饲养等。

小围栏饲喂，即按牛体大小每栏6～12头牛，饲喂方式有定时定量饲喂和自由采食两种。自由采食的优点是可以根据架子牛自身的营养要求采食到足够的饲料，达到最高增重，还可节约劳动力，可以减少群饲时牛只互相争食格斗，适合于强度催肥。缺点是不易控制牛只的生长速度，粗饲料的转化量下降，饲料在牛消化道停留时间短，影响饲料的转化率；定量饲喂的优点是饲料浪费少，而且能够更有效地控制牛只的生长，便于观察牛只采食、健康状况，管理方便。缺点是架子牛生长受到制约，需要较多的劳动力，由于缺少牛只间的争食，影响了采食量。小围栏的设施投资也较大。

定时上槽拴系饲喂,下槽运动场休息、饮水肥育方式由于每头牛固定槽位,竞食性差,使干物质采食量达不到最高。但草料浪费少,牛的增重均匀。缺点是费工,牛群大时,牛在运动场中奔跑和打架的几率大于小围栏。由于运动场面积较大,所以土地投入成本加大。

全天拴系饲养方法可节省劳动力,由于牛的运动量减少到最低,饲料报酬提高,可以获得品质优良的牛肉。可灵活地针对牛的情况做出饲喂调整,且土地与牛舍投入均少。缺点是牛在肥育期间缺少活动而抗病力较差,随体膘增加而食欲下降较其他饲养方式明显,全期可获得的平均日增重略逊于小围栏饲喂法。目前在我国此种饲养方式综合效益最佳。全天拴系饲养必须在饲槽安装自动饮水器或饲喂后饲槽中添水,让牛随时能饮到清洁的水。因为牛长期缺乏阳光直接照射,所以日粮中必须添加维生素 D。牛舍保持清洁卫生,严格执行牛的防疫检疫及健康观察要细心。公牛肥育还要注意缰绳的松紧适度,避免牛互相爬跨造成伤残,造成严重损失。

③日喂次数:以自由采食最好。在高精料日粮下,自由采食明显地降低消化道疾病的发病率。但自由采食常造成草料浪费使成本增加。在我国目前状况下,综合饲养效益及饲养人员的休息和健康,以采取 3 次不均衡上槽饲喂较好。例如,上槽时间为 6:30～8:30、13:30～15:30、20:00～21:30,每天总上槽时间为 5.5～6 小时。

④饲喂顺序:一是先喂青粗饲料后喂精料,此法是在精料少的时候效果好。但日喂精料量大时,牛的食欲降低,牛等待吃精料,并不好好吃粗料,使总采食量下降,下槽后剩余多,造成浪费。先喂精料后喂粗料,虽避免了上述缺点,但是当牛食欲欠佳时,吃光了精料不再吃青粗料,造成精粗比例严重失调,导致消化紊乱和酸中毒等,经济损失大。最好的方法是把粗料与精料混合成“全价

日粮"饲喂，这样可减轻牛挑食、待食和牛采食速度过快的影响，每次食入日粮性质、种类、比例较一致，瘤胃微生物能保持最佳的发酵（消化）区系，使饲料转化率达到最佳水平。全价日粮要现喂现拌，不要拌得过多，以免造成冬天时冰冻，夏天沤臭的损失。

（2）管理要求

①购进架子牛：购买架子牛时捉牛是比较困难的一件事。牛是群居性动物，若有头牛带领则容易控制。常利用活动围栏控制牛群和捕捉牛只。这种方法对多数牛有效果，比较安全。当用活动围栏驱赶牛群时，要防止牛跌倒，活动围栏不宜设弯道，不得高声喊叫，否则易造成牛群的拥挤或混乱。架子牛在运输过程中以及刚进入肥育场的新环境时会产生应激现象。为减少牛应激的损失，可从运输前 2～3 天开始，每日每头口服或注射维生素 A 25 万～100 万单位。在装运前3～4 小时停止饲喂具有轻泻性的饲料（如青贮饲料、麸皮、鲜草），否则容易引起腹泻，排尿过多，污染车厢和牛体。装运前 2～3 小时，架子牛也不宜过量饮水。装运过程中，切忌任何粗暴行为。用汽车装载时，每头牛应占面积是：体重 300 千克以下为 0.7～0.8 平方米，300～350 千克为 1～1.1 平方米，400 千克为 1.2 平方米，500 千克为 1.3～1.5 平方米。

到肥育场架子牛应在干净、干燥的隔离场休息。首先，应提供清洁饮水。首次饮水量限制为 15～20 升，并每头牛补人工盐 100 克；第二次饮水应在第一次饮水后 3～4 小时，切忌暴饮，水中掺些麸皮效果更好。随后可采取自由饮水。对新到架子牛，最好的粗饲料是长干草，其次是玉米青贮和高粱青贮。不能饲喂优质苜蓿干草或苜蓿青贮。用青贮料时最好添加缓冲剂（碳酸氢钠），以中和酸性。每日每头可喂 3 千克左右的精饲料，加喂 350 毫克抗生素和 350 毫克磺胺类药物，以消除运输应激反应。不要喂尿素。补充矿物质，用 2 份磷酸氢钙加 1 份盐混匀后让牛自由采食。补充 5 000 单位维生素 A 和 100 单位维生素 E。架子牛入栏后立即进行驱虫。常用的驱虫药物有阿费米丁、丙硫苯咪唑、敌百虫、左旋咪唑等。驱虫应在空腹时进行,以利于药物吸收。驱虫后,架子牛应隔离饲养 15 天。其粪便消毒后进行无害化处理。

②适时出栏:牛的膘情是决定出栏的重要指标。架子牛经过肥育后体形变得宽阔饱满,整个躯干呈圆筒状,头颈、四肢厚实。背腰、肩宽阔丰满,尻部圆大厚实,股部肥厚。用手触摸牛的鬐甲、背腰、臀部、尾根、肩胛、肩端、肋部、腹部等部位感到肌肉丰厚,皮下软绵,用手触摸耳根、前后肋和阴囊周围感到有大量脂肪沉积,说明膘情良好可以出栏。

肥育牛肥育期结束前的采食量有下降的趋势。若出现采食量下降,说明肥育牛即将到达肥育结束期。如果采食量下降为正常采食量的 1/3 或更少时,应该结束肥育。

架子牛经过 3～4 个月的肥育后,体重达到 500 千克以上,增重达 100 千克以上,平均日增重达 1 千克以上时,增重速度减慢,应及时出栏。

③日常管理:每天刷拭 2 次,有利于皮肤健康,促进血液循环,以改善肉质。经常观察反刍情况、粪便、精神状态,如有异常应及时处理。及早出栏,达到市场要求体重则出栏,一般活牛出栏体重为 450 千克,高档牛肉则为 550～650 千克。要定期了解牛群的增重情况,随时淘汰处理病牛、不增重或增重慢的牛。要定期称重或估测重,将达标牛分批出栏,以加快牛群的周转,降低饲养成本。

认真做好生产记录,如称重记录、日粮监测和消耗记录、疾病防治记录、气候和小气候(牛舍内)监测记录等。

肥育牛舍每天饲喂后清理打扫 1 次,保持良好的清洁状态,夏天饲槽每周用碱液刷洗消毒 1 次。牛出栏后,牛床彻底清扫,用石灰水、碱液或菌毒灭消毒 1 次。

四、技术考核指标和劳动定额

(一)技术考核指标

放牧条件下幼龄牛和成年牛日增重500克以上。放牧＋补饲条件下,日增重800克以上。舍饲条件下,犊牛肥育3个月内日增重700克以上,育成牛日增重1千克以上。架子牛肥育日增重1.5千克。肥育期间死亡率为0,不得出现外伤,影响肥育效果。

(二)劳动定额

在放牧条件下,幼龄牛或成年牛肥育劳动定额为70头;放牧＋补饲条件下,幼龄牛或成年牛肥育劳动定额为50头;舍饲条件下,犊牛育肥劳动定额为30头,青年牛或架子牛劳动定额为30头。

思考题

1. 肉牛肥育方法有哪些?

2. 育成牛持续肥育期阶段的划分以及各阶段的饲料特点是什么?

3. 什么是架子牛？如何做好架子牛肥育的管理工作?

第七章　肉牛饲养管理登记统计制度及报表

随着肉牛养殖业向集约化和专业化方向发展，生产的制度化和标准化将得到进一步推广应用。作为一个规范的肉牛养殖场必须有一套标准化的生产报表，一方面可以规范生产管理；另一方面通过报表统计，了解生产状况、计算生产效益、适时调整饲养方案。是肉牛养殖场规范化管理的重要组成部分。各类报表应由专人负责管理和保管，并向技术人员和管理人员反统计结果。肉牛养殖场常用生产报表主要应包括以下内容。

一、药品、药械的登记与领取报表

药品、药械是肉牛养殖场应常备、备足的物资。尤其是一些常用的药品，如消毒液、外伤药、抗菌类药。由于药品的使用必须慎重，所以要结合场内实际情况经常总结用药规律和效果，制定行之有效的治疗方案。另外，做好药品药械使用情况记录也是准确计算饲养成本的需要。药品、药械的登记与领取报表见表 7-1，表 7-2 和表 7-3。

二、工具杂物登记与领取报表

工具杂物（如扫帚、铁锹、叉耙、工作服等）是牧场生产经常使用的，也是主要的日常消耗品。在肉牛场的生产中这些物品虽然价格低廉，但消耗、浪费比较大。因此，必须认真记录，控制不必要的消耗，降低生产成本。同时，起到规范饲养员形成良好的工作习惯,爱护公物、减少浪费的监督作用。工具杂物登记、领取报表见表 7-4,表 7-5。

三、车辆、机械使用记录表

车辆机械(如四轮车、三轮车、小型工具车、饲草料加工设备等)是肉牛养殖场常用的运输工具,用于拉运、加工饲草饲料、收割牧草、清理粪污等。车辆、机械购置成本较大,需要专业人员操作。多数养牛场为了降低雇工成本,一般都由饲养员兼任。所以,为了安全,必须规范其操作。除在工作时可以使用外,不准随意使用,以免造成车辆损坏和发生事故。车辆机械使用记录表见表 7-6。

四、饲草饲料统计报表

饲草饲料是肉牛养殖中最主要部分,占总成本的 60%左右,其品质和用量直接影响养殖效益。因此,要做好进草、进料的记录和质量检验并在饲养过程中认真做好用量记录,严格按照制定的饲养方案饲喂,减少浪费。通过饲草饲料记录表可以直接了解饲喂情况,结合体重、体尺测定记录总结饲养效果,为制定更科学合理的饲养方案提供依据。饲草饲料登记和饲喂记录表见表 7-7,表 7-8。

五、配种与产犊记录表

配种是肉牛养殖过程中技术性较强的工作之一,是养殖效益好坏的关键。产犊越多,犊牛品质越好,养殖效益就越高。结合配种记录与产犊记录可以确定牛的系谱,系谱是指导牛群配种、精液选择的重要依据。配种记录和产犊记录见表 7-9,表 7-10。

六、体重、体尺测定表

肉牛饲养的好坏需要通过体重和体尺测定结果来评价。按照不同生产类型，在肉牛的不同生理阶段对每头牛进行体重和体尺测定。通过测定观察生长发育情况，准确及时地确定科学的生产方案。体重、体尺由专业技术人员测定，饲养员协助完成。体重、体尺测定表见表7-11，表7-12。

七、牛群周转表

牛群的周转是肉牛养殖场一项经常性的工作。牛群合理、及时地周转是强化饲养管理、提高养殖效率的必要手段。牛群周转要记录详细，对周转原因要分析清楚。牛群既要做到及时周转，也要避免盲目周转。要根据生产方向的转变和生产目标完成情况决定周转时间。牛群周转表见表7-13。

八、年度犊牛统计表

犊牛断奶成活率是肉牛繁育场效益高低和饲养管理好坏的最准确的评价依据。断奶犊牛成活越多，养殖效益越高。同时也证明饲养管理方案是否科学合理、饲养员工作效果如何。从而对饲养方案进行调整、饲养员进行技术培训。年度犊牛统计见表7-14。

第七章　肉牛饲养管理登记统计制度及报表

表 7-1　药品登记表

药 名	剂 型	剂 量	商 标	规 格	厂 家	数 量	单 价	金 额	经办人	验收人	日期	备 注

年　度________　　　　　　　　批　次________

表 7-2　药品领取记录表

药　名	剂　型	数　量	用　途	领取人	主管人	时　间	备　注

年　度________

表 7-3　药械领取记录表

名　称	数　量	用　途	领取人	主管人	时　间	归还时间	备　注

年　度________

表 7-4　工具杂物登记表

名　称	规格型号	数　量	单　价	金　额	来　源	日　期	经办人	验收人	备　注

年　度________　　　　批　次________

表 7-5 工具杂物领取表

名称	规格型号	数量	用途	领取				归还			
				领取人	主管人	日期	状况	归还人	主管人	日期	状况

年　度________

表 7-6 车辆、机械使用记录表

名称	状况	用途	领取			归还			
			领取人	主管人	日期	归还人	主管人	日期	状况

年　度________

表 7-7　饲草饲料登记表

名 称	质 量	用 途	数 量	单 价	金 额	经办人	验收人	日 期	来 源

年　度________　　　　　　　　　　　　　　　　页________

表 7-8　牛群补饲饲草饲料消耗记录　（千克）

品　种________　群　别________　性别________　年　龄________

供应日期	粗饲料					粗饲料					多汁饲料					矿物质饲料					备注
					总计					总计					总计					总计	

________页

表 7-9　配种记录

日　期	母牛号	品种特征	年　龄	冻　精		预产期	配种员	备　注
				品种	来源			

年　度________　　　　页________

表 7-10　产犊记录

年　度________　　牧　场________　　群　体________

序 号	日 期	犊牛号	母牛号	性 别	胎 别	初生重	外 貌	体 况	顺产/难产	备 注

登记员________　　　　鉴定员________

表 7-11　体重测定表

年　度________　日　期________　牧　场________　群　体________

牛　号	年　龄	性　别	生长发育阶段/生理阶段	体重(千克)	备　注

表 7-12　体尺测定表

年　度________　日　期________　牧　场________　群　体________

牛 号	年 龄	性 别	生长发育阶段	体 长	体 高	胸 围	管 围	备 注

表 7-13　________牛群周转表

年　度________　　牧　场________　　群　体________

牛 号	性 别	年 龄	体 重	周转原因	周转方式	处理结果	备 注

表 7-14　________年度犊牛统计表

序 号	耳 号	性 别	出生日期	母亲号	品种特征	初生重	断奶重	周 转	备 注

注：此表每年元月前统计完交回室内。“周转”填“出售”(并注明价格)、“留群”、“后备”；“留群”是指生长发育不良未能出售且不能作后备牛用或其他原因未出售的滞留犊牛

农户舍饲养羊配套技术	17.00元
羔羊培育技术	4.00元
肉羊高效益饲养技术	8.00元
肉羊饲养员培训教材	9.00元
怎样养好绵羊	8.00元
怎样养山羊(修订版)	9.50元
怎样提高养肉羊效益	10.00元
良种肉山羊养殖技术	5.50元
奶山羊高效益饲养技术（修订版）	6.00元
关中奶山羊科学饲养新技术	4.00元
绒山羊高效益饲养技术	5.00元
辽宁绒山羊饲养技术	4.50元
波尔山羊科学饲养技术	8.00元
小尾寒羊科学饲养技术	4.00元
湖羊生产技术	7.50元
夏洛莱羊养殖与杂交利用	7.00元
无角陶赛特羊养殖与杂交利用	6.50元
萨福克羊养殖与杂交利用	6.00元
羊场畜牧师手册	35.00元
羊病防治手册(第二次修订版)	8.50元
羊防疫员培训教材	9.00元
羊病诊断与防治原色图谱	24.00元
科学养羊指南	28.00元
南江黄羊养殖与杂交利用	6.50元
绵羊山羊科学引种指南	6.50元
羊胚胎移植实用技术	6.00元
肉羊高效养殖教材	4.50元
肉羊饲料科学配制与应用	7.50元
图说高效养兔关键技术	14.00元
科学养兔指南	35.00元
简明科学养兔手册	7.00元
专业户养兔指南	12.00元
新法养兔	15.00元
家兔饲养员培训教材	9.00元
长毛兔高效益饲养技术（修订版）	9.50元
怎样提高养长毛兔效益	10.00元
长毛兔标准化生产技术	13.00元
獭兔高效益饲养技术（修订版）	7.50元
怎样提高养獭兔效益	8.00元
肉兔高效益饲养技术（修订版）	12.00元
肉兔标准化生产技术	7.50元
养兔技术指导(第三次修订版)	12.00元
肉兔无公害高效养殖	12.00元
实用养兔技术	7.00元
家兔配合饲料生产技术	10.00元
家兔饲料科学配制与应用	8.00元
家兔良种引种指导	8.00元
兔病防治手册(第二次修订版)	10.00元
兔病诊断与防治原色图谱	19.50元

兔出血症及其防制 4.50元
兔病鉴别诊断与防治 7.00元
獭兔高效养殖教材 6.00元
家兔防疫员培训教材 9.00元
毛皮兽养殖技术问答(修订版) 12.00元
毛皮兽疾病防治 10.00元
新编毛皮动物疾病防治 12.00元
毛皮动物饲养员培训教材 9.00元
毛皮动物防疫员培训教材 9.00元
毛皮加工及质量鉴定 6.00元
茸鹿饲养新技术 11.00元
水貂养殖技术 5.50元
实用水貂养殖技术 8.00元
水貂标准化生产技术 7.00元
图说高效养水貂关键技术 12.00元
怎样提高养水貂效益 11.00元
养狐实用新技术(修订版) 10.00元
狐的人工授精与饲养 4.50元
图说高效养狐关键技术 8.50元
北极狐四季养殖新技术 7.50元
狐标准化生产技术 7.00元
怎样提高养狐效益 13.00元
实用养貉技术(修订版) 5.50元
貉标准化生产技术 7.50元
图说高效养貉关键技术 8.00元
乌苏里貂四季养殖新技术 11.00元
麝鼠养殖和取香技术 4.00元
人工养麝与取香技术 6.00元
海狸鼠养殖技术问答(修订版) 5.50元
冬芒狸养殖技术 4.00元
果子狸驯养与利用 8.50元
艾虎黄鼬养殖技术 4.00元
毛丝鼠养殖技术 4.00元
食用黑豚养殖与加工利用 6.00元
家庭养猫 5.00元
养猫驯猫与猫病防治 12.50元
鸡鸭鹅病防治(第四次修订版) 12.00元
肉狗的饲养管理(修订版) 5.00元
中外名犬的饲养训练与鉴赏 19.50元
藏獒的选择与繁殖 13.00元
养狗驯狗与狗病防治(第三次修订版) 18.00元
狗病防治手册 16.00元
狗病临床手册 29.00元

以上图书由全国各地新华书店经销。凡向本社邮购图书或音像制品,可通过邮局汇款,在汇单“附言”栏填写所购书目,邮购图书均可享受9折优惠。购书30元(按打折后实款计算)以上的免收邮挂费,购书不足30元的按邮局资费标准收取3元挂号费,邮寄费由我社承担。邮购地址:北京市丰台区晓月中路29号,邮政编码:100072,联系人:金友,电话:(010)83210681、83210682、83219215、83219217(传真)。